2013年
舟山市公民科学素质
调查报告

2013 NIAN ZHOUSHANSHI GONGMIN KEXUE SUZHI
DIAOCHA BAOGAO

《2013年舟山市公民科学素质调查报告》编委会◎编

海洋出版社

2014年·北京

图书在版编目（ＣＩＰ）数据

2013 年舟山市公民科学素质调查报告 / 《2013 年

舟山市公民科学素质调查报告》编委会编.

—北京：海洋出版社，2014.11

ISBN 978-7-5027-8993-0

Ⅰ. ①2… Ⅱ. ①2… Ⅲ. ①公民－科学－素质教育－

研究报告－舟山市－2013 Ⅳ.①G322.755.3

中国版本图书馆 CIP 数据核字(2014)第 270989 号

责任编辑：赵　武　黄新峰

责任印制：赵麟苏

排　　版：刘晓阳

海洋出版社　出版发行

http://www.oceanpress.com.cn

北京市海淀区大慧寺路 8 号　邮编：100081

北京画中画印刷有限公司印制

新华书店发行所经销

2014 年 11 月第 1 版　2014 年 11 月北京第 1 次印刷

开本：787mm×1092mm　1/16　印张：13.5

字数：330 千字　定价：60.00 元

发行部：62147016　邮购部：68038093　总编室：62114335

《2013 年舟山市公民科学素质调查报告》

编　委　会

序

科学技术的蓬勃发展推动着人类社会的进步。2002 年 6 月国家颁布了《中华人民共和国科学技术普及法》，2006 年国务院颁布了《全民科学素质行动计划纲要》，《科普法》和《纲要》的实施，可推进公民科学素质的提高。提高公民科学素质主要是提高公民科学文化修养，提高公民的生存技能基础和提高参与公共决策的能力。当今世界，科学技术越来越成为经济社会发展的决定性因素。加快发展科学技术的基础是公民的科学素质，加强科学技术普及工作是提高公民科学素质的有效途径。

舟山市全民科学素质行动计划纲要实施工作坚持以科学发展观为指导，认真贯彻落实党的"十八大"精神，以服务保障浙江舟山群岛新区建设为主线，以提高全民科学素质为核心。全民科学素质工作机制不断完善，社会化大科普工作格局逐步形成，科学素质建设各项重点工作扎实推进，各项工作成效显著，舟山市公民科学素质进一步提升。

从 1992 年起我国开始进行全民科学素质调查工作。舟山市政府从 2007 年起，在全市定期开展公民科学素质调查工作。通过开展此项调查工作，准确把握公民科学素质，及时了解公民对于科学技术政策和最新科学技术应用的态度，为政府有针对性地制定科技科普政策，检验科技工作和科普活动的成效，提供了坚实的基础资料。有效地促进了形式多样的科普活动，营造了学科学、爱科学、讲科学、用科学的浓厚氛围，激发了全市人民的科学兴趣，提高了全市人民的科学素质，让公众更多的理解科技知识，促进了科技知识服务于社会生活，关注科技及其发展，提升了自主创新能力。

本次调查是在党的"十八大"精神指引下，围绕国家赋予浙江舟山群岛新区的定位与目标，按照浙江省"八八战略"和"两创"总战略，《舟山市全民科学素质行动计划实施方案（2011—2015 年）》的要求，紧扣"节约能源资源、保护生态环境、保障安全健康、促进创新创造"的工作主题。本次调查内容应用 2009 年中国（浙江省）公民科学素质调查问卷，背景变量涵括地区、城乡、性别、年龄、文化程度、职业、民族和重点人群等；指标体系是一级指标 3 项、二级指标 13 项、三级指标 39 项；统计方法采用的是国际上和国内通用的一些信息质量控制手段和统计分析方法，力求使调查样本的统计结果尽量反映原本的真实性，通过问卷调查信息的编码录入和数据验证，并经过运用 SPSS19.0 统计软件二次编程计算和统计分析，得到 2013 年舟山市公民基本科学素质状况与其他相关数据。调查方法科学，可比性强，数据采集规范，统计分析和结论可靠。

本次调查摸清了目前舟山市公民科学素质，其目的是促进科学发展观在全社会的更深入贯彻落实，公民科学素质建设的公共服务能力大幅提升，公民科学素质建设机制更加完善。对于实现以人为本，建设和谐的美丽的舟山群岛新区战略具有重要意义。

公民科学素质的提高，是一项长期复杂的系统工程，公民科学素质建设的任务需要长期的艰苦努力。希望各有关部门认真研读调查报告，制订相应政策措施，为实施科技攻关，开展科技普及活动，提高整体公民科学素质，促进科技进步，建设具有海岛特色、城乡一体、山海秀美、生态和谐的浙江舟山群岛新区，全面实现小康社会目标做出新贡献。

感谢为本次调查辛勤工作的同志们。

编委会

2013 年 12 月

目 录

第一章 舟山市公民科学素质调查体系

一、舟山市公民科学素质调查指标体系

2006 年国务院正式发布《全民科学素质行动计划纲要》[1]（以下简称《科学素质纲要》），标志着我国公民科学素质建设进入了一个新阶段。中国公民科学素质调查是通过全国性的抽样调查，掌握我国 18~69 周岁的公民对科学的理解，对科学技术的态度等与科学素质相关问题的状况。公民科学素质调查内容包括三个方面即：公民对科学的理解、公民的科技信息来源、公民对科学技术的态度等。其中公民对科学的理解是公民科学素质的核心内容。用于测度公民具备基本科学素质的状况和科学素质水平。

（一）调查问卷内容设计

本次调查内容应用 2009 年中国（浙江省）公民科学素质调查问卷，此问卷在 2007 年中国（浙江省）公民科学素质调查问卷的基础上做了一些精简和调整。

公民对科学的理解调查：在 18 个指标体系中，做了较大修改，保留其中 10 个指标体系，其余 8 个不同程度的修改和删减。2009 年指标体系包括公民对目前各种信息传播渠道中涉及的科学术语（分子、DNA、因特网、辐射）和日常生活中的基本科学（地球的中心非常热、电子比原子小、光速比声速快、抗生素不能杀死病毒、我们呼吸的氧气来源于植物、婴儿的性别由父亲决定、乙肝的传播途径等 18 个判断题）的理解认知情况。

公民对基本的科学方法和过程（科学地研究事物、概率、对比法）的了解认知调查：在 3 个指标体系中，进一步的修改和完善。公民对科学与社会之间关系（对各种迷信的相信程度）的理解，用科学方法指导健康等情况。

与 2007 年调查不同的是，在科学术语部分用"辐射"替了"纳米"；在基本科学观点部分，删除了"吸烟会导致肺癌"，将"地球围绕太阳转"和"地球围绕太阳转一圈的时间为一个月"合并为一题，增加了乙肝的传染途径、声音的传播媒介、植物开花的基因和地球板块运动会导致地震 4 个问题。

在公民的科技信息来源方面，包括公民对科学技术发展信息（科学新发现、新技术新发明的应用等）的感兴趣程度。

公民从大众传媒（电视、广播、报纸、杂志、科学期刊、图书、因特网）及通过人际交流获取科技信息的情况。

公民通过科普活动（科技周、科普日、科普宣传车、科技展览和咨询、科普讲座等）了解科技知识和信息的情况。

公民利用科技馆等科技类场馆（动植物园、自然博物馆、科技园区、科普画廊、科技示范点、科普活动站、公共图书馆等）了解科技知识和信息的情况；公民参与公共科技事务讨论的情况等。这一部分与 2007 年相比，问卷内容没有变化，只是将对科学技术信息感兴趣程度与获取科技信息的渠道的题目先后顺序进行了调整。

在公民对科学技术的态度方面：包括公民对我国科学技术发展的看法，对科学家团体和科学事业的态度，对科学发展（自然资源和科技人才资源的可持续发展、基础科学研究）的看法，对科技创新（科技创新、技术应用）的态度。这部分与 2007 年相比，在保证调查指标完整的基础上，对公民对科学技术的看法题目进行了精简，删去 3 个题中的 4 道题项。

调查通过被调查者的背景变量，通过统计加权分析，得出舟山市不同性别、不同年龄段、不同受教育程度、不同职业以及城乡、不同县区和《科学素质纲要》实施的重点人群以及民族划分等各类人群的相关分析结果。

（二）舟山市公民科学素质指标体系设计

舟山市公民科学素质调查的指标体系由背景变量和分级指标组成。

背景变量：地区、城乡、性别、年龄、文化程度、职业、民族和重点人群等。

分级指标：一级指标 3 项、二级指标 13 项、三级指标 39 项。

1. 一级指标

一级指标 3 项：公民对科学的理解、公民的科技信息来源和公民对科学技术的态度。

公民对科学的理解包含基本科学知识、基本科学方法、科学与社会之间的关系 3 项；公民的科技信息来源包含获取科技发展信息的渠道、对科学技术信息的感兴趣程度、参加科普活动的情况、参观科普设施的兴趣、参观科普设施的情况及参与科技公共事务的情况等 6 项；公民对科学技术的态度包括对科学技术的看法、对科学家和科学事业的看法、对科学技术发展的认识和对科技创新的态度等 4 项。

2. 二级指标

二级指标 13 项：包含有 39 项三级指标（指标体系详见附件 3 中表 A3-6）。

3. 三级指标

三级指标 39 项：包含 108 个分项测试题目（指标体系详见附件 3 中表 A3-6）。

该指标体系最大限度地保持了与以往调查指标的连续可比性，并尽量靠近测度《科学素质纲要》中规定的公民科学素质的要求，即公民具备基本科学素质一般指了解必要的科学技术知识，掌握基本的科学方法，树立科学思想，崇尚科学精神，并具有一定的应用它们处理实际问题、参与公共事务的能力。2013 年舟山市公民科学素质调查问卷，本着国际国内的连续可比、条理清晰、语言通顺和便于调查及统计的原则，做了相应的修改和调整。具体调查问卷样式请直接参见正式的调查问卷（详见附件）。

二、舟山市公民科学素质调查信息统计分析

《科学素质纲要》提出公民科学素质，是指公民了解必要的科学技术知识，掌握基本的科学方法，树立科学思想，崇尚科学精神，认识科学技术与社会的相互作用，坚持科学发展观，并具有一定的应用它们处理实际问题、参与公共事务的能力。

（一）调查信息统计分析处理的指导思想

依据《科学素质纲要》的两个预定效果作为本次调查信息统计分析处理指导思想，围绕《科学素质纲要》中对"科学素质"的定义的 4 个内容、两种能力方面展开。两个预定效果是：增强公民获取和运用科学知识的能力、改善生活质量、实现全面发展（侧重于个人发展），提高国家科技和经济竞争力、建设创新国家、实现经济社会全面协调可持续发展、建构社会主义和谐社会（侧重于国家目标）。4 个内容是：科学技术知识、科学方法、科学思想、科学精神。两种能力是：应用这些内容处理实际问题的能力、参与公共事务的能力。

（二）调查问卷的测量信息统计方法

调查问卷的测量信息统计均在抽样调查数据净化基础之上进行，有关调查信息数据验证所采用的数据净化方法和对本次调查样本的填答信息进行八类验证和查错的定义详见本调查报告的附件中有关调查问卷的数据预处理部分的具体内容。所有的调查问卷的测量信息处理均是在删除出现八类验证错误的调查问卷之后，进行的如下测量信息统计和评价统计分析。

在本次调查报告中有关调查问卷的测量信息统计和评价统计说明的表示方法的定义如下：

符号 Ω，记本次随机调查的样本总体集合；

符号 A 表示事件 A 发生，指具有"属性"的事件发生；符号 $\overline{A}$，表示事件 A 的逆事件发生；

符号 A_i 表示当 ξ 可以取 α_i（$i=1, 2, ..., k$）这个 k 值，A_i 指具有"属性 $A_i=(\xi=\alpha_i)$"的事件发生；

符号 A_{ij} 指具有"属性（$\xi=\alpha_i$，$\zeta=\beta_j$）"的事件发生，或者说是因素 ξ 为第 i 类，因数 ζ 为第 j 类的观察频数；

符号 $A_{j|i}$ 指具有"属性（$\zeta=\beta_j$ | $\xi=\alpha_i$）"的条件事件发生，或者说是在因素 ξ 为第 i 类的条件下，因数 ζ 为第 j 类的观察频数；

符号 $A_{j|\bar{i}}$ 指具有"属性（$\zeta=\beta_j$ | $\xi \neq \alpha_i$）"的条件事件发生，或者说是在因素 ξ 不为第 i 类的条件下，因数 ζ 为第 j 类的观察频数。

符号 $\pi_{ij}=P\{\xi=\alpha_i,\ \zeta=\beta_j\}$ 指事件 A_{ij} 的频率（$i=1$，2，…，k，$j=1$，2，…，τ）；

符号 $\pi_{j|i}=P\{\zeta=\beta_j\ |\ \xi=\alpha_i\}$ 指事件 $A_{j|i}$ 的条件频率（$i=1$，2，…，k，$j=1$，2，…，τ）；

符号 n_{ij} 表示事件 A_{ij} 发生的频数；

符号 $n_{j|i}$ 表示事件 $A_{j|i}$ 发生的频数；

符号 y_i 指具有事件 A 发生具有"属性 A_i"的评价得分（$i=1$，2，…，k）；

符号 $A\cup B$ 表示事件 A 与 B 的并集；符号 $A\cap B$ 表示事件 A 与 B 的交集；当 $A\cup B=\Omega$ 表示事件 A 与 B 的并集为样本总体；当 $A\cap B=\Phi$ 表示事件 A 与 B 的交集为空集。

1. 调查问卷单选设问项目的统计方法

（1）设问项目单选的信息统计方法

具体 C3～C5、C7～C9 和 D7～D8 的设问项目信息统计方法：

C3～C5、C7～C8 和 D8 设问项目单选的信息统计分别依据其编码：1、2、3 和 4（具体编码涵义在此略，详见本报告的附件），分别统计 C3～C5、C7～C8 和 D8 设问项目的 n_i（$i=1$，2，3，4），得到 π_i（$i=1$，2，3，4）。

C9、D7 设问项目单选的信息统计分别依据其编码：1、2、3、4 和 5（具体编码涵义在此略，详见本报告的附件），分别统计 C9、D7 设问项目的 n_i（$i=1$，2，…，5），得到 π_i（$i=1$，2，…，5）。

（2）设问项目每行单选的信息统计方法

具体指 C1、C2、B1、B4、B5、B6、B7、C10 和 D1～D3 的设问项目信息统计方法：

C1 和 C2 设问项目单选信息编码：1'对'；2'错'；3'不知道'。分别统计 C1 和 C2 设问项目每行单选的 n_{ij}（$i=1$，2，3，$j=1$，2，…，9），得到 π_{ij}（$i=1$，2，3，$j=1$，2，…，9）。

B1 设问项目单选信息编码：1'非常感兴趣'；2'感兴趣'；3'无所谓'；4'不感兴趣'；5'完全不感兴趣'；6'不清楚不了解'。统计 B1 设问项目每行单选的 n_{ij}（$i=1$，2，…，6，$j=1$，2，…，11），得到 π_{ij}（$i=1$，2，…，6，$j=1$，2，…，11）。

D1～D3 的设问项目单选信息编码：1'完全赞成'；2'基本赞成'；3'既不赞成也不反对'；4'基本反对'；5'完全反对'；6'不清楚不了解'。分别统计 D1～D3 的设问项目每行单选的 n_{ij}（$i=1$，2，…，6，$j=1$，2，…，5），得到 π_{ij}（$i=1$，2，…，6，$j=1$，2，…，5）。

B4 和 B5 设问项目单选信息编码分别是：1'参加过'；2'没参加过但听说过'；3'没听说过'；4'不知道'和1'感兴趣'；2'一般'；3'不感兴趣'；4'不知道'。分别统计 B4 设问项目每行单选的 n_{ij}（$i=1$，2，…，4，$j=1$，2，…，6）和 B5 设问项目每行单选的 n_{ij}（$i=1$，2，…，4，$j=1$，2，…，10），分别得到 B4 设问项目每行的 π_{ij}（$i=1$，2，…，

4，j=1，2，…，6）和 B5 设问项目每行 π_{ij}（i=1，2，…，4，j=1，2，…，10）。

B6 设问项目单选信息编码分别是：1'自己感兴趣'；2'陪亲友去'；3'偶然的机会'；4'本地没有'；5'门票太贵'；6'缺乏展品'；7'不知道在哪里'；8'不感兴趣'；9'不知道'。分别统计 B6 设问项目每行单选的 n_{ij}（i=1，2，…，9，j=1，2，…，10），得到 B6 设问项目每行 π_{ij}（i=1，2，…，9，j=1，2，…，10）。

B7 设问项目单选的信息编码是：1'经常参与'；2'偶尔参与'；3'很少参与'；4'没有参与过'；5'不知道'。分别统计 B7 设问项目每行单选的 n_{ij}（i=1，2，…，5，j=1，2，…，4），得到 B7 设问项目每行 π_{ij}（i=1，2，…，5，j=1，2，…，4）；

C10 设问项目单选的信息编码是：1'参与过，很相信'2'参与过，有些相信'3'尝试过，不相信'4'没参与过，不相信'5'不知道'。分别统计 C10 设问项目每行单选的 n_{ij}（i=1，2，…，5，j=1，2，…，5），得到 C10 设问项目每行 π_{ij}（i=1，2，…，5，j=1，2，…，5）。

（3）设问项目 C11 的信息统计方法

C11 的设问项目单选的信息编码是：1'没出健康问题'2'自己找药吃'3'自己治疗处理'4'祈求神灵保佑'5'心理咨询与心理治疗'　6'看医生（西医为主）'　7'看医生（中医为主）'　8'什么方法都没用过'9'其他（记录）'。统计 $A_1 \cap A_i = \varphi$（i=2，3，…，9）的 n_1，得到 π_1；在 $A_1 \cap A_i = \varphi$（i=2，3，…，9）的统计条件下，统计 A_i=（$\xi = i \mid A_1 \cap A_i = \varphi$，$i$=2，3，…，9）的 n_i，得到 π_i（i=2，3，…，9）。

2．调查问卷多选设问内容统计分析方法

（1）设问项目 C6 和 C6a 的无排序信息统计方法

记 C6 的随机抽样的观察值为 ξ，C6a 的随机抽样的观察值为 ζ，

$$A_{j \mid i} = (\zeta = j，\mid \xi = i) \quad (i=1，2，j=1，2，…，10)$$

其中，记调查问卷 C6a 的选项 A 取信息编码为 A=10 '不知道'，并对 $A_{j \mid i}$ 用 A_j 简记；

C6a 的设问项目的信息编码：1'X 光透视检查'；2'B 超检查'；3'用手机打电话'；4'用座机接打电话'。

5'使用电暖气取暖'；6'微波炉加热食物'；7'辐射是能量转化的一种方式'；8'辐射都是人为产生的'；9'辐射都是有害的'；10'不知道'；统计 C6a 的各项的 n_i，得到 π_i（i=2，3，…，10）。

（2）设问项目 B2、B3、D4、D5 和 D6 的有排序信息统计方法

B2 设问项目的信息编码：1'医学与健康'；2'材料科学与纳米技术'；3'计算机与网络'；4'经济学与社会发展'；5'环境科学与污染治理'；6'军事与国防'；7'天文学与空间探索'；8'人文科学（历史、文学、宗教等）'；9'遗传学与转基因技术'；10'其他'；11'没有感兴趣的'。

B3 设问项目的信息编码：1'报纸'；2'图书'；3'科学期刊'；4'一般杂志'；5'电视'；6'广播'；7'因特网'；8'与人交谈'；9'其他'；10'没有其他渠道'。

D4、D5 设问项目的信息编码：1'法官'；2'教师'；3'企业家'；4'政府官员'；5'运动员'；6'科学家'；7'医生'；8'记者'；9'工程师'；10'艺术家'；11'律师'；12'其他职业（记录）'；13'没有其他声望好的职业'。

D6 设问项目的信息编码：1'政府提倡或国家权威部门认可'；2'广告宣传和推荐'；3'省钱或能赚钱'；4'看别人用的结果，如果大多数人都说好，我也接受'；5'亲自查资料或咨询专家，确认对环境和人体没有危害'；6'先自己试一试，再做决定'；7'无论谁推荐都不接受'；8'不清楚'；9'没有其他可以接受的条件'。

B2、B3、D4、D5 和 D6 的有排序均为三项排序，其信息的统计方法均采用有序加权的计算方法：对首选、其次和第三分别采用 100%、66.67%和 33.33%的权重；再依据各项的首选、其次和第三的频次，计算各项的样本期望值。再由各项的样本期望值的秩，得到各项的排序值，即为所求的统计。

（三）调查问卷的评价统计方法

1. 舟山市公民对科学知识的认识理解评价统计
（1）舟山市公民对科学观点的正确理解评价

对 C1 和 C2 设问项目共计 18 道，记 x_i 指"正确理解第 i 个科学观点"的评价得分（$i=1，2，\ldots，18$），即

$$x_i = \begin{cases} 1 & \text{第}i\text{个观点理解正确} \\ 0 & \text{第}i\text{个观点理解不正确} \end{cases} \quad i=1,2,\ldots,18$$

舟山市公民对科学知识的认识理解评价统计：记 T_j 指被随机调查的舟山市公民的某个测量评价的分类统计群体，记 T_Ω 为被随机调查的舟山市公民的样本总体。以下类同。

① $\{A_j\}$ 表示具有"第 T_j 个分类统计群体能够对 18 个科学观点正确理解"的事件发生，πA_j 表示统计评价舟山市公民对科学观点的正确理解频率，即

$$\pi A_j = \pi_j\{\sum_{i=1}^{18} x_i \geq 12\} \qquad j=1，2，\ldots，k$$

AP_j 表示统计第 T_j 个分类统计群体能够对 18 个科学观点正确理解达标率的样本估计值，

$$AP_j = P\{\pi A_j \geq 60/100\} = \pi\{\pi A_j \geq 60/100\}$$

（备注：由于统计信息人员缺少调查抽样总体的人口特征统计数据资料，所以未对调查总体的分类群体进行加权分布的调整，本报告的后续统计信息处理，仅以调查抽样的样本群体特征的分布代替之。以下类同，不再阐述。）

②记 $\{A\}$ 指具有"被随机调查的舟山市公民的样本总体 T_Ω，能够对 18 个科学观点正确理解"的事件发生，πA 表示统计舟山市公民能够对 18 个科学观点的正确理解的频率，即

$$\pi A = \pi \left\{ \sum_{i=1}^{18} x_i \geq 12 \right\}$$

记 AP 表示统计舟山市公民对 18 个科学观点的正确理解达标率的样本估计，即

$$AP = P\{\pi A \geq 60\%\} = \pi\{\pi A \geq 60\%\}.$$

（2）舟山市公民对科学术语的正确理解评价

①对 C3～C5 的设问项目，记 $\{B_{1j}\}$ 指具有"第 T_j 个分类统计群体能够对 C3～C5 的 3 个科学术语正确理解"的事件发生，记 dfv_{1i} 为 C3～C5 指"正确理解第 i 个科学观点"的评价得分（$i=1$，2，3），即

$$dfv_{1i} = \begin{cases} 1 & \text{第}i\text{个观点理解正确} \\ 0 & \text{第}i\text{个观点理解不正确} \end{cases} \quad i=1,2,3$$

πP_{1j} 表示统计舟山市公民的第 T_j 个分类统计群体能够对 C3～C5 的 3 个科学术语正确理解的频率，即

$$\pi B_{1j} = \pi_{1j} \left\{ \sum_{i=1}^{3} dfv_{1i} \geq 2 \mid z_j = 1 \text{ 或 } 2 \right\}$$

或 BP_{1j} 表示统计舟山市公民的第 T_j 个分类统计群体对 C3～C5 的 3 个科学术语正确理解达标率的样本估计，即

$$BP_{1j} = P\{\pi B_{1j} \geq 66.67\%\} = \pi\{\pi B_{1j} \geq 66.67\%\} \quad j=1，2，\ldots，k$$

②对 C6 和 C6a 的设问项目，记 z_j 为"第 T_j 个分类统计群体对 C6 取值为 1 或 2"的事件发生；记 $\{B_{2j}\}$ 指具有"第 T_j 个分类统计群体能够对 C6 取值为 1 或 2 的条件下，对 C6a 有关辐射的第 i 个说法正确理解（$i=1$，2，4，5，6）"的事件发生；记 dfv_{2i} 为对 C6a 的"第 i 个说法正确理解"评价得分，记 πP_{2j} 表示统计评价舟山市公民对 C6a 的"第 i 个说法"的正确理解频率，即为

$$\pi B_{2j} = \pi_{2j} \left\{ \sum_{i=1}^{5} dfv_{2i} \geq 3 \mid z_j = 1 \text{ 或 } 2 \right\}$$

或记 BP_{2j} 表示统计评价舟山市公民的第 T_j 个分类统计群体在对 C6 取值为 1 或 2 的条件下，对 C6a 的"第 i 个说法"的正确理解达标率的样本估计（$i=1$，2，4，5，6），即

$$BP_{2j} = P\{\pi B_{2j} \geq 60\% \mid z_j = 1 \text{ 或 } 2\} = \pi\{\pi B_{2j} \geq 60\% \mid z_j = 1 \text{ 或 } 2\} \quad i=1，2，4，5，6$$

记 $\{B_{3j}\}$ 指具有"第 T_j 个分类统计群体能够对 C2（6）答正确和 C6 取值为 1 或 2 的条件下，对 C6a 的"第 i 个说法正确理解（$i=7$，8，9）"的事件发生；记 πP_{3j} 表示统计评价舟山市公民的第 T_j 个分类统计群体能够在对 C2（6）项目的响应正确与 C6 取值为 1 或 2 的条件下，对 C6a 的"第 i 个说法（$i=7$，8，9）"的正确理解频率，即

$$\pi B_{3j} = \pi_{3j} \left\{ \sum_{i=7}^{9} dfv_{3i} \geq 2 \mid (z_j = 1 \text{ 或 } 2) \cap (x_{15} = 1) \right\} \quad i=7，8，9$$

或记 BP_{3j} 表示统计评价舟山市公民的第 T_j 个分类统计群体在对 C6 取值为 1 或 2 的条件下，在对 C2（6）项目的响应正确与对 C6a 的"第 i 个说法"的正确理解达标率的样本估计（i=7，8，9），即

$$BP_{3j}=P\{\pi B_{3j} \geqslant 2/3 \mid (z_j=1 \text{ 或 } 2) \cap (x_{15}=1)\} = \pi\{\pi B_{3j} \geqslant 2/3 \mid (z_j=1 \text{ 或 } 2) \cap (x_{15}=1)\}$$

j=1，2，…，k

③记{$\boldsymbol{B_j}$}表示舟山市公民的"第 T_j 个分类统计群体能够对 C3～C6 的 4 个科学术语的正确理解"的事件发生；记 BP_j 表示统计舟山市公民的第 T_j 个分类统计群体能够对 C3～C6 的 4 个科学术语的正确理解达标率的样本估计，记为

$$BP_j=P\{B_{1j} \cap B_{2j} \cap B_{3j}\}=\pi\{B_{1j} \cap B_{2j} \cap B_{3j}\}.$$

④记{$\boldsymbol{B}$}表示具有"被随机调查的舟山市公民的样本总体 T_Ω 能够对 C3～C6 的 4 个科学术语正确理解"的事件发生，记表示 BP 统计评价舟山市公民对科学观点的正确理解达标率的样本估计，即

$$BP=P\{\boldsymbol{B_1} \cap \boldsymbol{B_2} \cap \boldsymbol{B_3}\}=\pi\{\boldsymbol{B_1} \cap \boldsymbol{B_2} \cap \boldsymbol{B_3}\}.$$

2. 舟山市公民对科学研究方法的正确理解评价统计

舟山市公民对科学研究方法的正确理解评价，即是对舟山市公民对 C7～C9 的科学研究方法的认知正确达标程度的评价。

①记 dfv_i 为 C7～C9 指"对第 C i 个科学观点正确认知"的评价得分（i=1，2，3），即

$$dfv_i=\begin{cases} 1 & \text{第C}i\text{个研究方法认知正确} \\ 0 & \text{第C}i\text{个研究方法认知不正确} \end{cases} \quad i=7,8,9$$

记{C_{ij}}指具有"第 T_j 个分类统计群体能够对 C7～C9 的 3 个科学研究方法的正确认知"的事件发生；记 πC_j 表示统计评价舟山市公民的第 T_j 个分类统计群体能够对 C7～C9 的 3 个科学研究方法的正确认知的频率（i=7，8，9），即为

$$\pi C_j = \pi_j\{\sum_{i=7}^{9} dfv_i = 3\}$$

或记 CP_j 表示统计评价舟山市公民的第 T_j 个分类统计群体能够对 C7～C9 的 3 个科学研究方法的正确认知达标率的样本估计，

$$CP_j=P\{\bigcap_{i=7}^{9} C_{ij}\}, \quad j=1，2，…，\quad k$$

②记{$\boldsymbol{C}$}指具有"被随机调查的舟山市公民的样本总体 T_Ω，能够对 C7～C9 的 3 个科学研究方法正确认知"的事件发生，记 πC 表示统计评价舟山市公民对 C7～C9 的 3 个科学研究方法的正确认知的频率；即

$$\pi C = \pi\{\sum_{i=7}^{9} dfv_i = 3\}$$

或记CP表示评价舟山市公民对C7～C9的3个科学研究方法的正确认知达标率的样本估计，即

$$CP=P\{C_7\cap C_8\cap C_9\}=\pi\{C_7\cap C_8\cap C_9\}.$$

3. 舟山市公民对科学与社会关系的正确理解评价统计

（1）舟山市公民对各种迷信做法能够正确认识的评价

舟山市公民对科学与社会关系的正确理解评价，即对舟山市公民对 C10 的正确认知达标程度的评价。简单说，对 C10 的正确认知，指对 C10 中 5 个预测人生或命运的方法的相信程度。由 C10 设问项目的每行的预测人生或命运方法 C101 '求签'、C102 '相面'、C103 '星座预测'、C104 '周公解梦'和 C105 '电脑算命'的统计编码：1 '参与过，很相信'；2 '参与过，有些相信'；3 '尝试过，不相信'；4 '没参与过，不相信'；5 '不知道'。评价对每行的预测人生或命运方法的正确认知，即 $\{D_{1j}\}$ 表示舟山市公民"第 T_j 个分类统计群体能够对科学与社会关系的正确理解"的事件发生；统计对每种方法响应观察值为 4 或 3 的频率，记 πD_{1j} 表示统计评价舟山市公民的第 T_j 个分类统计群体能够对 C10 中第 i 个预测人生或命运方法能够正确认知的频率，即

$$\pi D_{1j}=\pi_{1j}\{dfv_i=4\bigcup dfv_i=3\}\qquad i=1,2,\cdots,5$$

记 DP_{1j} 表示统计评价舟山市公民的第 T_j 个分类统计群体能够对 C10 的预测人生或命运方法的正确认知的达标率的样本估计，即

$$DP_{1j}=P_j\{\bigcap_{i=1}^{5}A_j(dfv_i=4\bigcup dfv_i=3)\}=\pi_j\{\bigcap_{i=1}^{5}A_j(dfv_i=4\bigcup dfv_i=3)\}$$

（2）舟山市公民对科学对社会影响能够正确认识的评价

①通过对舟山市公民对 C11 的科学对个人行为影响的正确认知达标程度的评价。

要求 C11（4）与 C10 中 5 个预测人生或命运的方法不能同时选择 4 的响应值的条件下，即必须满足如下事件发生的交集为非空事件，通俗地说，C11（4）与 C10 中 5 个预测人生或命运的方法选择不能是矛盾的，必须保持一致。即为

$$A_{C11(4)}(\xi=4)\cap(\bigcup_{i=1}^{5}A_{C10i}(\zeta=4))\neq\Phi$$

（备注：已在本报告的附件中的调查信息数据验证采用数据净化的方法，作为信息错误的 5 进行过信息数据净化的过滤处理。）

分别统计 C11 中（除 1 和 4 之外）的响应值的评价得分，统计其达标的频率，作为该项评价的正确认知达标率的样本估计，即，记 $\{D_{2j}\}$ 表示舟山市公民的"第 T_j 个分类统计群体能够对 C11 中编码为 2、3、5、6、7 的 5 个治疗和处理健康方面的正确认知"的事件发生；记 πD_{2j} 表示统计评价舟山市公民的"第 T_j 个分类统计群体能够对 C11 中的 5 个治疗和处理健康方面的正确认知"的频率；记 DP_{2j} 为统计评价舟山市公民的第 T_j 个分类统计群体能够对 C11 中编码为 2、3、5、6、7 的 5 个治疗和处理健康方面的正确方法认知达标率。

②通过对舟山市公民对科学与社会关系的正确理解认知的评价，涉及本调查问卷中 C1（4）、C1（6）、C1（8）、C2（2）、C6a（9）和 C10（5）这 6 个设问项目。分别统计舟山市公民对这 6 个设问项目至少正确认知 4 个的频率，作为该项评价的正确认知达标率的样本估计，即，记 $\{D_{3j}\}$ 表示舟山市公民的"第 T_j 个分类统计群体能够对 C1（4）、C1（6）、C1（8）、C2（2）、C6a（9）和 C10（5）这 6 个设问项目方面的正确认知"的事件发生；记 πD_{2j} 表示统计评价舟山市公民的"第 T_j 个分类统计群体能够对 C1（4）、C1（6）、C1（8）、C2（2）、C6a（9）和 C10（5）这 6 个设问项目方面的正确认知"的频率；记 DP_{3j} 为统计评价舟山市公民的第 T_j 个分类统计群体能够对 C1（4）、C1（6）、C1（8）、C2（2）、C6a（9）和 C10（5）这 6 个设问项目正确认知达标率的样本估计。

舟山市公民对科学与社会关系的正确理解认知的达标率，是上述三个正确认知达标率的交集：记 $\{D_j\}$ 表示舟山市公民的"第 T_j 个分类统计群体能够对科学对社会影响能够正确认知"的事件发生；记 πD_j 表示统计舟山市公民的"第 T_j 个分类统计群体能够对科学对社会影响能够正确认知"的频率，即　　　　　　$\{D_j\}=\{D_{1j}\cap D_{2j}\cap D_{3j}\}$

$$\pi D_j=\pi_j\{DP_{1j}\cap DP_{2j}\cap DP_{3j}\}$$

记 DP_j 为统计评价舟山市公民的第 T_j 个分类统计群体对科学对社会影响能够正确认知的达标率，即

$$DP_j=P\{DP_{1j}\cap DP_{2j}\cap DP_{3j}\}=\pi_j\{DP_{1j}\cap DP_{2j}\cap DP_{3j}\}$$

同样，记 $\{D\}$ 表示舟山市公民"对科学对社会影响能够正确认知"的事件发生；记 DP 为统计评价舟山市公民对科学对社会影响能够正确认知的达标率，即

$$DP=P\{DP_1\cap DP_2\cap DP_3\}=\pi\{DP_1\cap DP_2\cap DP_3\}$$

4. 舟山市公民具备科学素质的评价统计
（1）舟山市公民具备科学基本素质的统计方法

分三个维度统计：第一维度指舟山市公民对科学知识（科学基本观点和科学基本术语）的正确认知达标率；记 $\{E\}=\{A\cap B\}$ 表示舟山市公民科学基本素质评价的第一维度（科学基本观点和科学基本术语正确认知）达标的事件发生和记 $\{Ej\}=\{A_j\cap B_j\}$ 表示舟山市公民的第 T_j 个分类统计群体科学基本素质的第一维度（科学基本观点和科学基本术语正确认知）达标的事件发生。

第二维度指舟山市公民对科学研究方法的正确认知达标率；记 $\{C\}$ 表示舟山市公民科学基本素质的第二维度（科学研究方法评价的正确认知）达标事件发生和记 $\{Cj\}$ 表示舟山市公民的第 T_j 个分类统计群体科学基本素质的第二维度（科学研究方法正确认知评价）达标事件发生。

第三维度指舟山市公民对科学对社会影响的正确认知达标率；记 $\{D\}$ 表示舟山市公民科学基本素质的第三维度（科学与社会的关系正确认知）达标事件发生和记 $\{Dj\}$ 表示舟山市公民的第 T_j 个分类统计群体科学基本素质的第三维度（科学与社会的关系正确认知评价）达标事件发生。

舟山市公民的第 T_j 个分类统计群体具备科学基本素质的水平评价，指舟山市公民同时具备上述这三个维度的正确认知的达标率，即

$$ZSGMKXSZ_j = P\{AP_j \cap BP_j \cap CP_j \cap DP_j\} = \pi_j \{AP_j \cap BP_j \cap CP_j \cap DP_j\}$$

同样，记 $ZSGMKXSZ$ 具备科学基本素质的水平评价，指舟山市公民同时具备上述这三个维度的正确认知的达标率，即

$$ZSGMKXSZ = P\{AP \cap BP \cap CP \cap DP\} = \pi_j \{AP \cap BP \cap CP \cap DP\}$$

（2）舟山市公民随机抽样的群体具备科学基本素质的样本特征的统计方法

有关 18 个科学基本观点中，至少对 12 个及以上科学观点能够正确认识的特征统计，即统计

$$\pi A = \pi \{\sum_{i=1}^{18} x_i \geqslant 12\}$$

作为 18 个科学基本观点中，至少对 12 个及以上科学观点能够正确认识的特征统计概率样本估计。

有关 18 个科学基本观点中，对国际通用的检测设问项目至少正确认识 6 个科学观点的特征统计，即统计针对 C1（1）、C1（2）、C1（5）、C2（5）、C2（7）、C2（8）和 C2（9）这 7 个国际通用的检测设问项目，统计其正确认识的得分大于等于 6 的群体的频率，作为相应群体的正确认识特征统计概率的样本估计。

同样，有关 18 个科学基本观点中，对国际通用的检测设问项目至少正确认识 5 个科学观点的特征统计，即统计针对 C1（1）、C1（2）、C1（5）、C2（5）、C2（7）、C2（8）和 C2（9）这 7 个国际通用的检测设问项目，统计其正确认识的得分大于等于 5 的群体的频率，作为相应群体的正确认识特征统计概率的样本估计。

有关科学评价的三个维度，其中某一个维度达标的特征统计，即统计

$$\pi \{(E \cap \bar{C} \cap \bar{D}) \cup (\bar{E} \cap \bar{C} \cap D) \cup (\bar{E} \cap C \cap \bar{D})\}$$

有关科学评价的三个维度，其中某两个维度达标的特征统计，即统计

$$\pi \{(E \cap C \cap \bar{D}) \cup (E \cap \bar{C} \cap D) \cup (\bar{E} \cap C \cap D)\}$$

有关科学评价的三个维度，三个维度同时达标的特征统计，即统计 $\pi \{(E \cap C \cap D)\}$

有关科学评价的三个维度，第一维度达标的特征统计，即统计 $\pi \{E\} = P\{E\}$

有关科学评价的三个维度，第二维度达标的特征统计，即统计 $\pi \{C\} = P\{C\}$

有关科学评价的三个维度，第三维度达标的特征统计，即统计 $\pi \{D\} = P\{D\}$

有关科学评价的三个维度，三个维度均未达标的特征统计，即统计 $\pi \{(\bar{E} \cap \bar{C} \cap \bar{D})\}$

5. 对每行单选设问项目响应的加权评价指数计算模型

（1）B1 设问项目单选的响应指数计算模型

统计 B1 设问项目每行响应指数计算模型：

响应指数得分（i）= 60 + 1 × '非常感兴趣%' + 0.5 × '感兴趣%' + 0.3 × '无所谓%' −

$0.4 \times$'不感兴趣%' $- 1 \times$'完全不感兴趣%' $- 0.3 \times$'不清楚不了解%' （$i=1$，2，…，11）

（2）B4 设问项目单选的响应指数计算模型

统计 B4 设问项目每行响应指数计算模型：

响应指数得分（i）$= 60 + 1 \times$'参加过%' $+ 0.5 \times$'没参加过但听说过%'

$- 0.5 \times$'没听说过%' $- 1 \times$'不知道%' （$i=1$，2，…，6）

（3）B5 设问项目单选的响应指数计算模型

统计 B5 设问项目每行响应指数计算模型：

响应指数得分（i）$= 60 + 1 \times$'感兴趣%' $+ 0.5 \times$'一般%'

$- 0.5 \times$'不感兴趣%' $- 1 \times$'不知道%' （$i=1$，2，…，10）

（4）B7 设问项目单选的响应指数计算模型

统计 B7 设问项目每行单选的响应指数计算模型：

响应指数得分（i）$= 60 + 1 \times$'经常参与%' $+ 0.6 \times$'偶尔参与%' $+ 0.3 \times$'很少参与%'

$- 0.5 \times$'没有参与过%' $- 1 \times$'不知道%' （$i=1$，2，…，4）

（四）撰写调查统计分析报告的思路

以本次公民科学素质调查问卷的指标体系的结构为主体，结合考虑科学素质功能的 4 个层次结构进行综合测度分析、解释统计结果。即以调查问卷的指标体系的结构，公民对科学的理解、公民的科技信息来源和公民对科学技术的态度三个方面进行调查样本的信息统计；以科学素质的功能结构，即以满足基本生存的科学素质（生存科学素质）、满足一般的物质生活（生活科学素质）、物质生活基础上更高的精神文化生活（文化科学素质）和作为现代公民参与公共事务、参政议政的科学素质（参与公共事务的科学素质）的四个层次进行综合测度分析、解释统计结果。

三、舟山市公民科学素质调查样本基础

本次调查借鉴以往调查经验，以入户调查方式为主，抽样调查分析舟山市公民（18～69 岁的成年人）的科学素质水平、获得科技信息的渠道和方法、对科学技术的态度等，由于舟山市各县区、乡镇经济、文化的差异较大，并受近几年行政区划变动的影响较大，为提高估计的精度，本次调查采用分层的三阶不等概抽样。结合舟山岛屿分布较广的特点，按 2013 年舟山市公民科学素质调查抽样方案实施，共抽取 22 个居委会、32 个村委会。最后在相应的居民委员会、村民委员会中随机抽取 25 户，在每户中选取 18～69 岁之间成员调查 1 人。

本次调查是通过对全市的调查来测度并分析舟山市公民（18～69 岁的成年人）的科学素质水平、获得科技信息的渠道和方法、对科学技术的态度等基本情况。通过问卷调查信息的编码录入和数据验证，并经过运用 SPSS19.0 统计软件二次编程计算和统计分析，得到 2013 年舟山市公民基本科学素质状况与其他相关数据。

（一）调查样本信息数据的预处理

调查样本数据的预处理过程，经过对回收问卷的信息编码录入的三轮的仔细核准；定义 8 种数据净化的核查、验证方法（详见附件）。经核查，调查样本 1500 份，回收总量为 1499 份。其中问卷编号为 0097、0163 各有两份，问卷中记录的调查信息不同，视问卷为有效，保留。对所定义的 8 种数据净化的验证结果中的标示有错误的 13 份问卷视其为无信度问卷，将其舍弃。调查样本的有效问卷为 1486 份， 即调查问卷有效回收率为 99.13%。以下均以有效问卷进行信息统计。

（二）调查样本的有效率

1. 县区调查样本分布

调查样本汇总，回收有效问卷，定海区 740 份，占 49.8%。定海区的调查样本比例占舟山市的调查样本近 50%。普陀区 333 份，占 22.4%。岱山县 253 份，占 17.0%。嵊泗县 160 份，占 10.8%。

2. 街道（乡镇、村、社区）调查样本分布

调查样本有效回收 1486 份（见附件）。调查样本按城镇和非城镇（乡村）划分，划分后的城镇和非城镇（乡村）个案抽样分布为，城镇样本为 669 份，占 45.0%；非城镇样本为 817 份，占 55.0%。

3. 调查被访者答卷方式（N1）

回收有效调查答卷 1486 份。被访者答卷方式以调查员与被访者一对一面访的方式有 697 份，占 46.9%；以被访者独立自填的方式有 789 份，占 53.1%。没有无效填写回答的方式问卷信息。

（三）被访者基本信息

1. 被访者性别（A1）结构

调查样本有效答卷中被访者男性有 649 份，占 43.7%；女性有 837 份，占 56.3%。抽样调查的性别稍有些不均衡，男性与女性之间的比是 1∶1.29。

2. 被访者民族（A2）结构

调查样本有效答卷中被访者汉族 1479 份，比例为 99.5%。其他民族 7 份，比例为 0.5%。由于调查样本中的其他民族比例很少，仅占 0.5%，故在本次调查报告中均未对民族的调查信息进行统计分析。

3. 被访者年龄（A3）结构

调查样本有效回收答卷 1486 份中，被访者年龄 18～24 周岁答卷 68 份，占 4.6%；25～29 周岁答卷 118 份，占 7.9%；30～34 周岁答卷 122 份，占 8.2%；35～39 周岁

答卷 172 份, 占 11.6%; 40～44 周岁答卷 229 份, 占 15.4%; 45～49 周岁答卷 228 份, 占 15.3%; 50～54 周岁答卷 177 份, 占 11.9%; 55～59 周岁答卷 151 份, 占 10.2%; 60～64 周岁答卷 117 份, 占 7.9%; 65～69 周岁答卷 104 份, 占 7.0%。其中, 40～49 周岁群体比例最高, 占 30.8%。本研究将上述 10 个年龄段, 进行重新划分为 5 个年龄段。其结构为 18～29 周岁答卷 186 份, 占 12.5%; 30～39 周岁答卷 294 份, 占 19.9%; 40～49 周岁答卷 457 份, 占 30.8%; 50～59 周岁答卷 328 份, 占 22.1%; 60～69 周岁答卷 221 份, 占 14.9% (见图 1-1, 图 1-2)。

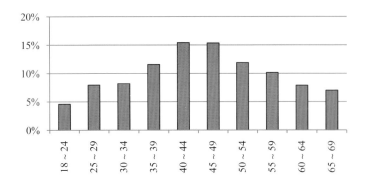

图 1-1　被访者年龄分布情况

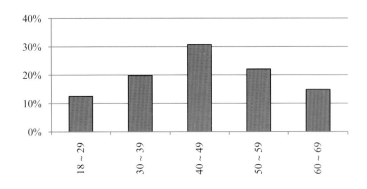

图 1-2　被访者年龄重新划分后的分布情况

4. 被访者文化程度（A4）结构

调查样本的 1486 份, 其中被访者一份答卷中文化程度缺失, 有效信息 1485 份。文化层次不识字或识字很少有 59 份, 占 4.0%。小学程度 243 份, 占 16.4%。初中程度 504 份, 占 33.9%; 高中程度 374 份, 占 25.2%; 大学专科程度有 187 份, 占 12.6%; 大学本科程度有 115 份, 占 7.7%; 研究生及以上程度有 3 份, 占 0.2%。由于研究生及以上程度仅有 3 份, 为统计分析的有效性, 本研究在统计分析中, 将研究生及以上程度的答卷信息归入大学本科程度内, 并称为大学本科及以上程度 (见图 1-3)。

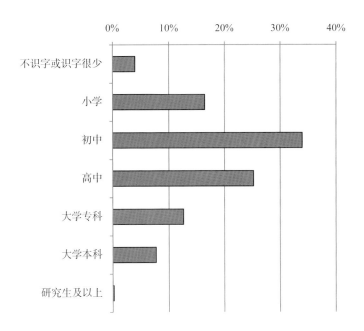

图 1-3 被访者文化程度结构分布情况

5. 被访者职业（A5）分布

调查样本的 1486 份答卷中，一份被访者答卷现在职业信息缺失，有效信息 1485 份。样本信息中，被访者是国家机关、党群组织负责人 29 份，占 2.0%；企业事业单位负责人 43 份，占 2.9%；专业技术人员 113 份，占 7.6%；办事人员与有关人员 247 份，占 16.6%；农林牧渔水利业生产人员 112 份，占 7.5%；商业及服务业人员 222 份，占 14.9%；生产及运输设备操作工人 104 份，占 7.0%；学生及待升学人员 21 份，占 1.4%；失业人员及下岗人员 42 份，占 2.8%；离退休人员 162 份，占 10.9%；家务劳动者 316 份，占 21.3%；其他有 74 份，占 5.0%（见图 1-4）。

6. 被访者归属群体（A6）分布

调查样本 1486 份中，有一份被访者答卷归属群体的信息缺失，有效信息 1485 份。样本信息中，被访者是领导干部和公务员有 63 份，比例为 4.2%；城镇劳动人口 639 份，比例为 43.0%；农民 740 份，比例为 49.8%；其他 44 份，比例为 3.0%（见图 1-5）。

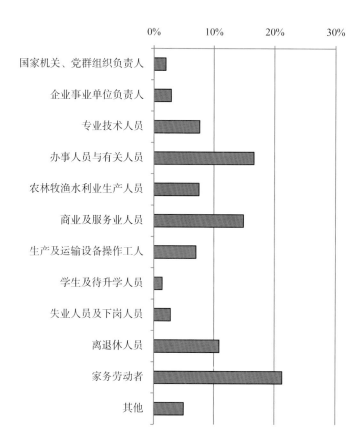

图 1-4　被访者现在职业分布情况

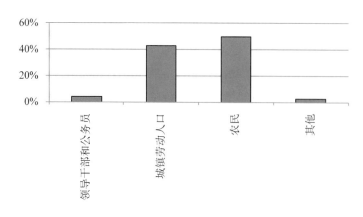

图 1-5　被访者归属群体的分布情况

第二章 舟山市公民对科学知识的认知

摘 要

◆ 2013 年舟山市公民具备基本科学素质水平为 5.23%。其中，公民了解基本科学知识的水平为 46.70%，了解科学术语的水平为 16.69%，了解科学基本观点和科学术语正确理解达标率为 13.06%。了解科学研究基本方法和过程的水平为 36.30%，了解科学技术和社会影响的关系水平为 46.30%。

◆ 舟山市四个区县公民基本科学素质的水平差距显著。嵊泗县公民具备基本科学素质的水平最高，为 6.42%；定海区公民具备基本科学素质的水平为 5.55%；岱山县公民具备基本科学素质的水平为 5.17%；普陀区公民具备基本科学素质的水平为 4.0%。

◆ 舟山市城乡具备基本科学素质的水平，城镇为 5.70%，乡村为 4.84%。

◆ 男性公民具备基本科学素质的水平为 5.28%；女性公民具备基本科学素质的水平是 5.19%。

◆ 不同年龄的公民具备基本科学素质的水平依次为：18～29 周岁为 6.72%（最高），30～39 周岁为 6.69%，40～49 周岁的水平为 5.67%，50～59 周岁为 3.54%（最低），60～69 周岁的水平为 3.65%。

◆ 不同文化程度公民具备基本科学素质的水平依次为：不识字或识字很少为 3.01%，小学为 2.20%（最低），初中为 5.68%，高中为 5.25%，大学专科为 5.73%，大学本科及以上为 9.84%（最高）。

◆ 重点关注群体公民具备基本科学素质的水平依次为：领导干部和公务员为 18.72%（最高），城镇劳动者为 4.66%，农民为 4.19%（最低），其他为 12.17%。

一、舟山市公民科学知识的认知现状

关于科学，其内涵丰富，起源于人类改造自然的生产活动。本质是人类认识世界的认识活动和改造世界的实践活动的成果，是推动人类社会发展的强大动力。关于科学素质这一概念，教育改革家科南特首次使用。20 世纪 80 年代，国际公民科学素质促进中心主任米勒（J.Miller）教授提出了科学素质的三维模型（米勒模型），并成为公众理解科学的测评依据。我国对科学素质的研究始于 20 世纪 90 年代初，2006 年国务院颁布的《全民科学素质行动计划纲要》对科学素质的概念作了明确界定[1]。科学素质建设的实践中，一般对科学素质内涵的理解主要有两个方面：一是公民科学素养调查，采用米勒对科学素质（定义和内涵）的理解。米勒（J.Miller）教授的科学素质三维度模型测定标准，主要内容涵括科学术语和科学基本观点，科学研究方法和过程，科学技术社会影响三个方面。中国大多数学者认同国务院颁布的《科学素质纲要》对科学素质的定义。《科学素质纲要》中对科学素质的定义主要涵括四项内容、两种能力、两个预定效果[8]。即：公民了解必需的科学技术知识，掌握基本的科学方法，树立科学思想，崇尚科学精神；认识科学技术与社会的相互作用，坚持科学发展观，并具有一定的应用它们处理实际问题、参与公共事务的能力，增强公民获取和运用科学知识的能力；改善生活质量、实现全面发展（侧重于个人发展），提高国家科技和经济竞争力、建设创新国家、实现经济社会全面协调可持续发展、建构社会主义和谐社会（侧重于国家目标）的两个预期效果。

（一）舟山市公民对科学的认知程度

本次调查选取 4 个科学术语，18 个基本科学观点，作为获取舟山市公民掌握基本科学技术知识水平的依据。调查样本统计结果显示，舟山市公民对基本科学技术知识的正确理解水平为 13.06%。其中，对基本科学观点能够正确了解率为 46.70%，对基本科学术语能够正确了解率为 16.69%。

1. 舟山市公民对科学基本观点理解与认知程度

舟山市公民对基本科学观点的测试，设有 18 个测试题，在 18 个测试题中，舟山市公民能够认知并正确理解 12 个问题及以上者的比率是 46.70%，具体到每个测试问题，公民答对的情况不一致。这 18 个测试题，既是测试公民对基本的科学观点的认知状况，又是测试公民具备的科学思想和科学精神状况，同时也测试科学普及，为民所享、为民所有、为民所治的状况。

表 2-1、图 2-1 显示，舟山市公民对基本科学观点的 18 个测试题回答情况：对地心的温度非常高，正确理解率为 81.02%，不正确理解率为 18.98%；我们呼吸的氧气来源于植物，正确理解率为 74.83%，不正确理解率为 25.17%；母亲的基因决定孩子的性

别，正确理解率为 71.40%，不正确理解率为 28.60%；抗生素能够杀死病毒，正确理解率为 46.50%，不正确理解率为 53.50%；数百年来，我们生活的大陆在缓慢漂移，并继续漂移，正确理解率为 66.49%，不正确理解率为 33.51%；接种疫苗可以治疗多种传染病，正确理解率为 47.51%，不正确理解率为 52.49%；最早期的人类与恐龙生活在同一个年代，正确理解率为 51.75%，不正确理解率为 48.25%；含有放射性物质的牛奶经过煮沸后对人体无害，正确理解率为 61.31%，不正确理解率为 38.69%；光速比声速快，正确理解率为 75.84%，不正确理解率为 24.16%；地球的板块运动会造成地震，正确理解率为 81.36%，不正确理解率为 18.64%；乙肝病毒不会通过空气传播，正确理解率为 68.51%，不正确理解率为 31.49%；植物开什么颜色的花是由基因决定的，正确理解率为 54.44%，不正确理解率 45.56%；声音只能在空气中传播，正确理解率为 57.20%，不正确理解率为 42.80%；就目前所知，人类是从较早期的动物进化而来，正确理解率为 70.53%，不正确理解率为 29.48%；所有的放射性现象都是人为造成的，正确理解率为 63.53%，不正确理解率为 36.47%；激光是由汇聚声波而产生的，正确理解率为 35.73%，不正确理解率为 64.27%；电子比原子小，正确理解率 42.26%，不正确理解率为 57.74%；地球围绕太阳转一圈的时间是一天，正确理解率为 58.68%，不正确理解率为 41.32%。

表 2-1　舟山市公民对 18 个基本科学观点的认知程度　　　　单位（%）

题序	选　　项	正确理解率	不正确理解率
1	地心的温度非常高	81.02	18.98
2	我们呼吸的氧气来源于植物	74.83	25.17
3	母亲的基因决定孩子的性别	71.40	28.60
4	抗生素能够杀死病毒	46.50	53.50
5	数百年来，我们生活的大陆在缓慢漂移，并继续漂移	66.49	33.51
6	接种疫苗可以治疗多种传染病	47.51	52.49
7	最早期的人类与恐龙生活在同一个年代	51.75	48.25
8	含有放射性物质的牛奶经过煮沸后对人体无害	61.31	38.69
9	光速比声速快	75.84	24.16
10	地球的板块运动会造成地震	81.36	18.64
11	乙肝病毒不会通过空气传播	68.51	31.49
12	植物开什么颜色的花是由基因决定的	54.44	45.56
13	声音只能在空气中传播	57.20	42.80
14	就目前所知，人类是从较早期的动物进化而来	70.53	29.48
15	所有的放射性现象都是人为造成的	63.53	36.47
16	激光是由汇聚声波而产生的	35.73	64.27
17	电子比原子小	42.26	57.74
18	地球围绕太阳转一圈的时间是一天	58.68	41.32

注：带下划线的测试题为国际通用的题目，以下类同。

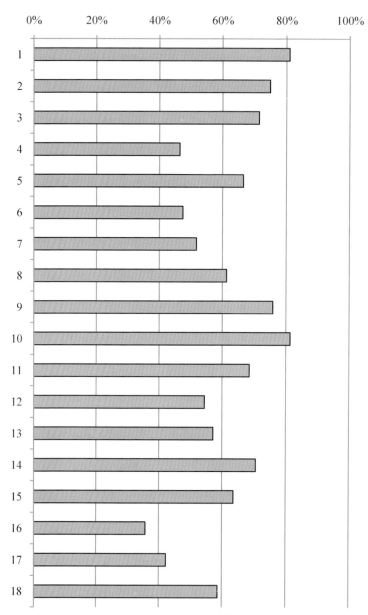

图 2-1 2013 年舟山市公民对 18 个基本科学观点测试题的正确理解率

备注：图 2-1 中纵轴序号与测试题序对应为：1–9（c1 题 1–9）；10–18（c2 题 1–9）

2. 舟山市公民对基本科学术语的理解程度

本次调查我们选用分子、DNA（脱氧核糖核酸）、因特网、辐射在目前各种信息传播渠道中涉及的 4 个科学术语进行调查。按国际惯例，能正确回答其中 3 题或 3 题以上者，为正确理解科学术语达到要求。

表 2-2，图 2-2 统计结果显示：舟山市公民对科学术语正确理解达到要求的比例是 16.69%，其中，舟山公民对科学术语中"分子"一词，正确理解率为 29.88%；对"DNA"科学术语，正确理解率为 34.52%；对"DNA"这个科学术语的理解，调查样本数据中有 37.55% 的比例选择的说法是"生物的遗传物质，存在于一切细胞中，是脱氧核糖核酸"。事实上，选择这个说法并不是最正确的。因为，"DNA"科学术语的生物名称是脱氧核糖核酸，但是，从生物学的专业知识知道，成熟的红细胞中是没有 DNA 的。对"因特网"这个科学术语的理解，正确理解率为 45.29%；对于"辐射"科学术语的了解情况是，被访者在日常生活中，听过"辐射"一词的情况有 72.34% 是经常听说，22.48% 是有时听说，仅有 5.18% 是没有听说过。能够对人类活动与辐射有关的了解正确的是 71.13%，对"辐射"科学术语的说法能够正确了解的响应是 45.56%。综合调查样本所有响应的信息情况，对辐射问题和科学理解辐射的正确率为 24.56%。

表 2-2　舟山市公民对基本科学术语的正确理解的状况　　　　单位（%）

题　　号	C3	C4	C5	C6	科学术语正确理解达到要求
科学术语	分子	DNA	因特网	辐射	
正确理解率	29.88	34.52	45.29	24.56	16.69

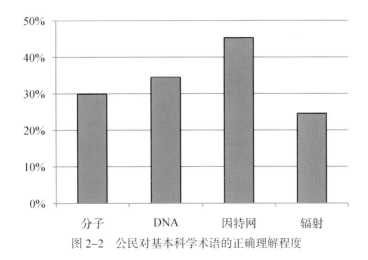

图 2-2　公民对基本科学术语的正确理解程度

3. 舟山市公民对基本科学技术知识的认知

调查样本统计数据显示，舟山市公民回答 18 个测试题目中，C1 的 9 个测试题目能够正确了解 6 个及以上问题的占 60.16%；C2 的 9 个测试题目能够正确了解 6 个及以上问题的占 68.91%。18 个基本科学观点的测试题目能够正确了解其中 12 个及以上的占 46.70%。对 4 个科学术语能够正确了解的占 16.69%。综合统计，公民对基本科学技术知识的正确了解状况是 13.06%。

（二）舟山市公民对基本科学方法的认知程度

科学基本素质是指决定个人决策、参与公民和文化事务、从事经济、社会活动中所需要掌握的最基本的科学研究方法和过程。科学素质测试模型为：科学的基本观点，内容包括生命与保健科学，地球与环境科学，技术中的科学；科学实践的过程。重点是获取证据、解释证据并在证据的基础上进行科学活动的进程，包括确认科学问题、寻找证据、做出结论、与他人就结论进行交流、表明所了解的科学基本观点。

本次调查采用了 3 个衡量公民了解基本科学方法的题目，即，对"科学的研究事物"的理解、对"对比法"的理解和对概率问题的理解。按照国际惯例，能正确理解科学研究过程涉及的要点，同时又能正确回答对比法问题和概率问题的，即被认为是了解基本科学方法。表 2–3、图 2–3 调查样本统计结果显示，舟山市公民对科学研究的方法和过程能够正确理解程度为 36.30%。

表 2–3 舟山市公民对 3 个科学研究的基本方法和过程的认知程度　　　单位（%）

对科学研究的基本方法和过程	C7.对"科学地研究事物"的理解	C8.对"科学家测试新药疗效"的理解	C9.对"生育孩子患遗传病的概率"的理解	正确理解达到要求的比率
正确理解率	48.79	32.91	71.06	36.30

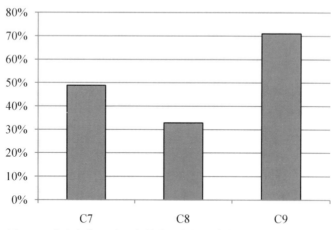

图 2–3 舟山市公民对 3 个科学研究的基本方法和过程认知程度

1. 舟山市公民对"科学地研究事物"的理解

关于科学研究事物的设置问题是 C7，当您听或读到"科学地研究事物"这个短语，您认为哪一项最接近您的理解？[单选] 选项 1，是"引进新技术，推广新技术，使用新技术"；选项 2，是"遇到问题，咨询专家，得出解释"；选项 3，是"提出假设，进行观察，推理、实验，得出结论"；选项 4 是"不知道"。其中选项 3 为正确答案。调查样本数据表 2–4 显示，舟山市被调查公民在回答"当您听或读到'科学地研究事物'这个短语",能正确陈述科学研究过程的水平为48.79%,接近调查人群的一半。另外,有19.65%的被访者选择另外一种解释,即"引进新技术,推广新技术,使用新技术";还有21.13%的被访者选择"遇到问题,咨询专家,得出解释"和有10.36%的被访者选择"不知道"。

表2-4 舟山市公民对"科学地研究事物"的认知程度   单位(%)

C7题	选项	响应
引进新技术,推广新技术,使用新技术	1	19.65
遇到问题,咨询专家,得出解释	2	21.13
提出假设,进行观察,推理、实验,得出结论	3	48.79
不知道	4	10.36

2. 舟山市公民对"对比法"问题的理解

关于对比法问题的设置是C8,"科学家想知道一种治疗高血压的新药是否有疗效。在以下的测试方法中,您认为哪一种方法最好?"选项1,是"给1000人服用这种药,观察病人的状况";选项2,是"给500人服用这种药,另500人不服药,观察两组病人情况";选项3,是"给500人服用这种药,另500人服用无效无害外形相同安慰剂,观察两组病人情况";选项4,是"不知道"。其中选项2为正确答案。调查样本数据表2-5显示,舟山市被调查公民能作出正确选择的水平为32.91%,接近三分之一。选择1"给1000人服用这种药,观察病人的状况"的比例为9.22%;选择2,"给500人服用这种药,另500人不服药,观察两组病人情况"的比例为32.91%;选择3,"给500人服用这种药,另500人服用无效无害外形相同安慰剂,观察两组病人情况"的比例为42.93%和选择4,"不知道"的比例是14.87%。

表2-5 舟山市公民对"新药疗效对比"的认知程度   单位(%)

C8题	选项	响应
给1000人服用这种药,观察病人的状况	1	9.22
给500人服用这种药,另500人不服药,观察两组病人情况	2	32.91
给500人服用这种药,另500人服用无效无害外形相同安慰剂,观察两组病人情况	3	42.93
不知道	4	14.87

3. 舟山市公民对概率问题的理解

关于概率设置的问题是C9,"医生告诉一对夫妇由于他们具有相同的致病基因,如果他们生育一个孩子,这个孩子患遗传病的机会为1/4。请问您认为医生的话意味着[单选]"。正确答案是他们生育的孩子都可能得遗传病。调查样本数据表2-6显示,舟山市公民的正确选择率为71.06%。

表2-6　舟山市公民对"遗传病的概率"的认知程度　　　　单位（%）

C9 题	选项	响应
如果他们生育的前三个孩子都很健康，那么第四个孩子肯定得遗传病。	1	7.40
如果他们的第一个孩子有遗传病，那么后面的三个孩子将不会得遗传病。	2	6.66
他们的孩子都可能得遗传病。	3	71.06
如果他们只有三个孩子，那么这三个或者都不会得遗传病。	4	2.42
不知道	5	12.38

（三）舟山市公民对科学与社会之间关系的认知程度

科学素质的要素是正确认识"科学技术与社会"的关系。国际上和中国现行公众科学素养调查中，"科学技术与社会"是调查的"三部分"之一。本次调查设置了 6 个测试题目作为衡量舟山市公民了解科学与社会之间关系的标准，包括 4 个与生活有关的问题，2 个与认知有关的问题，按国际惯例，能正确回答其中 3 题或 3 题以上者，为基本了解科学与社会之间关系。调查样本统计结果显示，舟山市公民对科学技术对社会的影响能够正确理解程度为 46.30%。

在本次调查问卷的信息中，特对调查测试题中含有关于公民对科学和社会相互的关系的 6 个题目的认知程度进行单独的汇总统计，列于表2-7，用于显示公民对科学与社会之间关系的正确认知程度。

1. 舟山市公民对生活与工作之间关系处理能力

抗生素问题（C1 题中第 4 个测试题，以下类同），舟山市公民对"抗生素能够杀死病毒"的认知，正确理解率为 46.50%，不正确理解率为 43.67%，选择不知道的为 9.83%，不正确理解率和不知道的，占 53.50%。

说明有多半的公民尚没有正确认识，对抗生素的正确认识非常必要，需要引导公民平常生活中尽量少用抗生素，以提高自身的抗病能力。

接种疫苗问题（C1 题中第 6 个测试题，以下类同），舟山市公民对"接种疫苗可以治疗多种传染病"的认知，对接种疫苗的认知正确率为 47.51%，有 45.15% 的被访者选择此说法是"对"，另有 7.34% 的被访者选择"不知道"。说明有过半的公民尚没有正确认识到接种疫苗是为预防某些传染病，而并不能治疗传染病。公民需要正确认识接种疫苗的作用，对正确处理个人平时生活保健和提高防病、治病能力是有好处的。

乙肝病毒问题（C2 题中第 2 个测试题，以下类同），舟山市公民对"乙肝病毒不会通过空气传播"的途径的认知，正确率为 68.51%，有 24.09% 被访者选择此说法为"错"，另有 7.40% 的被访者选择"不知道"。说明有近七成的公民能够正确认识乙肝病毒的传播途径，这样有利于公民间的和谐平等相处。对尚未能够正确认识有关乙肝病毒的传播途径的公民（31.49%），需要进行相关的宣传和引导。

2. 舟山市公民对生活与工作之间关系的处理能力

放射性问题（C1 题中第 8 个测试题，以下类同），舟山市公民对"含有放射性物质的牛奶经过煮沸后对人体无害"的认知，对"含有放射性物质的牛奶经过煮沸后对人体无害"的说法的认知正确率为 61.33%，有 21.18%的被访者选择此说法是"对"，另有 17.48%的被访者选择"不知道"。说明有六成的公民能够正确认识含有放射性物质所具有的危害性。对尚未能够正确认识有关含有放射性物质的危害性的公民（38.66%），需要进行相关的宣传和引导。

电脑算命问题（C10 题中第 5 个题目），舟山市公民对"电脑算命"的认知，被访者"参与或尝试过用电脑算命的方法预测人生或命运和对预测的方法和结果相信"的认知正确率为 50.40%；"尝试过，不相信"的被访者有 20.32%；"不知道"的被访者有 15.61%；其余，"很相信"和"有些相信"的被调查者加起来仅有 13.66%。说明只有不足 15.66%的被访者对用电脑算命认识程度还不够，不能用科学的意识正确认识算命的预测是伪科学的，完全不可信。

辐射有害问题（C6a 题中的第 9 个选项，以下类同），所有的"辐射"均对生物有害，而且可影响自然环境，电磁辐射已成为当今危害人类健康的致病源之一。联合国人类环境大会，将电磁辐射列入必须控制的主要污染物之一；电磁污染已被公认为在大气污染、水质污染和噪音污染之后的第四大公害。对"辐射都是有害的"问题的认知，舟山市公民的正确认知率为 23.48%，有 76.52%的被访者未选此项。说明公民对辐射对所有生物体都会造成危害的认识远远不够。对舟山市公民进行科普宣传和引导活动时，需要将这类的科普知识列为很重要的内容之一。

表 2-7　舟山市公民对科学与社会之间关系的 6 个测试题认知程度　　　单位（%）

测试题目	正确理解率
C1（4）抗生素问题	46.50
C1（6）接种疫苗问题	47.51
C1（8）放射性问题	61.33
C2（2）乙肝病毒问题	68.51
C10（5）电脑算命问题	70.7
C6a（9）辐射有害问题	23.5

（四）舟山市公民对科学对人的生活行为影响的认知程度

关于科学意识对个人生活行为的影响调查，表 2-8 调查样本数据显示，被访者对身体健康状况处理方法：有 168 人回答为没有健康问题，占 11.39 %。选择自己找药吃的，占 52.8%；选择自己治疗处理的，占 5.2%；选择祈求神灵保佑的，占 2.1%；选择心理咨询与心理治疗的，占 2.3%；选择看医生（西医为主）的，占 21.7%；选择看医生（中医为主）的占 4.3%；选择什么方法都没用过的，占 0.2%；选择其他的，占 0.0%。

表 2-8　舟山市对各种治疗和处理健康方面的问题认知程度　　　单位（%）

C11 响应		百分比
处理健康方式	1.没有健康问题	11.4
	2.自己找药吃	52.8
	3.自己治疗处理	5.2
	4.祈求神灵保佑	2.1
	5.心理咨询与心理治疗	2.3
	6.看医生（西医为主）	21.7
	7.看医生（中医为主）	4.3
	8.什么方法都没用过	0.2
	9.其他（记录）	0.0

二、舟山市公民科学认知程度的分类统计分析

公民的科学认知，由于性别、年龄、职业、城乡结构、文化程度、收入水平等不同，公民的科学认知程度也存在不同的差异。

（一）舟山市不同性别公民科学认知的程度

舟山市公民科学认知存在着性别的差异。科学认知上的性别差异几乎在所有的国家和省市都不同程度的存在。在本次调查中，我市的男性人口具备基本科学素质的水平为 5.3%，女性人口具备基本科学素质的水平为 5.2%。经检验，公民具备基本科学素质水平的性别差异不显著。

1. 舟山市不同性别公民对基本科学知识理解程度

我们考察调查样本中被访者对 18 道测试题目的作答情况。表 2-9、图 2-4 列出了不同性别的公民对基本科学观点能够正确了解的状况。

表 2-9　舟山市不同性别公民对 18 个基本科学观点的认知程度　　　单位（%）

序	选　项	正确理解率	
		男	女
1	地心的温度非常高	84.9	78.0
2	我们呼吸的氧气来源于植物	72.6	76.6
3	母亲的基因决定孩子的性别	66.7	75.0
4	抗生素能够杀死病毒	43.5	48.9
5	数百年来，我们生活的大陆在缓慢漂移，并继续漂移	66.7	66.3
6	接种疫苗可以治疗多种传染病	41.9	51.9
7	最早期的人类与恐龙生活在同一个年代	48.8	54.0
8	含有放射性物质的牛奶经过煮沸后对人体无害	55.6	65.7
9	光速比声速快	73.3	77.8
10	地球的板块运动会造成地震	84.4	79.0
11	乙肝病毒不会通过空气传播	68.6	68.5
12	植物开什么颜色的花是由基因决定的	53.9	54.8
13	声音只能在空气中传播	55.0	58.9
14	就目前所知，人类是从较早期的动物进化而来	70.9	70.3
15	所有的放射性现象都是人为造成的	62.2	64.5
16	激光是由汇聚声波而产生的	38.1	33.9
17	电子比原子小	42.1	42.4
18	地球围绕太阳转一圈的时间是一天	56.9	60.1

2. 舟山市不同性别公民对基本科学术语的认知程度

不同性别公民对目前各种信息渠道常涉及的基本科学术语的了解情况。本次抽样调查从了解分子、DNA（脱氧核糖核酸）、因特网、辐射这 4 个术语的统计结果见表 2-10，图 2-5。

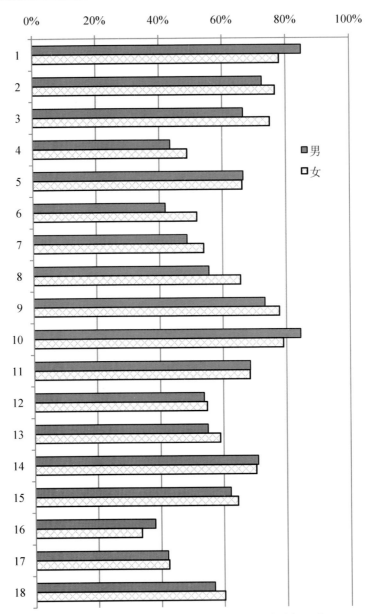

图 2-4　不同性别公民对 18 个基本科学观点认知程度

备注：图 2 4 中纵轴序号与测试题序对应为：1-9（c1 题 1-9）；10-18（c2 题 1-9）。

表 2-10　舟山市不同性别公民正确理解 4 个基本科学术语认知程度　　单位（%）

科学术语	分子	DNA	因特网	辐射	4 个基本科学术语
男	32.8	34.5	45.8	21.2	15.41
女	27.6	34.5	44.9	27.2	17.68

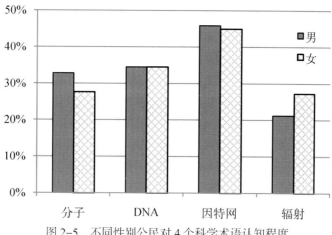

图 2-5　不同性别公民对 4 个科学术语认知程度

调查样本统计数据显示，男性公民对于 C1 问题 9 个测试题目能够正确回答其中 6 个及以上问题的比率是 54.4%，对于 C2 问题 9 个测试题目能够正确回答其中 6 个及以上问题的比率是 46.8%。同时对 18 个基本科学观点能够正确回答其中 12 个及以上问题的比率是 42.37%。同时对 4 个科学术语能够正确理解的比率是 15.41%。综合统计，男性公民对基本科学技术知识的正确认知的比率是 11.40%。

女性公民对于 C1 问题 9 个测试题目能够正确回答其中 6 个及以上问题的比率是 61.2%，对于 C2 问题 9 个测试题目能够正确回答其中 6 个及以上问题的比率是 48.4%。同时对 18 个基本科学观点能够正确了解其中 12 个及以上问题的比率是 50.06%。同时对 4 个科学术语能够正确了解的比率是 17.68%。综合统计，女性公民对基本科学技术知识的正确认知的比率是 14.34%。

表 2-11 显示，不同性别公民对基本科学知识的认知能够达到要求的状况。数据显示，男性公民了解基本科学知识的水平略低于女性公民，且差异显著。

表 2-11　舟山市不同性别公民对基本科学技术知识的认知程度　　　单位（%）

正确理解达到要求	男	女	总体
了解基本科学知识	11.40	14.34	13.06

3. 舟山市不同性别公民对基本科学方法的认知程度

从舟山市不同性别公民正确回答对基本科学方法的了解程度的 3 道测试题的情况，表 2-12，图 2-6 显示，对"科学地研究事物"的理解，男性公民回答正确率 49.7%，女性公民回答正确率为 48.1%，男性公民比女性公民高 1.6 个百分点；对"科学家测试新药疗效"的理解，男性公民回答正确率 37.8%，女性公民回答正确率为 29.2%，男性公民比女性公民高 8.6 个百分点；对"生育孩子患遗传病的概率"的理解，男性公民回答正确率 68.4%，女性公民回答正确率为 73.2%，男性公民比女性公民低 4.8 个百分点。表 2-13 显示，男性公民和女性公民对基本科学研究方法和过程的认知程度，分别是 36.0%和 36.6%。

表 2-13 显示出，不同性别公民对基本科学研究方法和过程的认知能够达到要求的状况。数据显示，男性公民正确了解基本科学研究方法和过程的水平略低于女性公民，且差异不显著。

表 2-12　舟山市不同性别公民对基本科学方法的认知程度　　　单位：（%）

对科学研究的基本方法和过程	C7.对"科学地研究事物"的理解	C8.对"科学家测试新药疗效"的理解	C9.对"生育孩子患遗传病的概率"的理解
男	49.7	37.8	68.4
女	48.1	29.2	73.2
总体	48.8	32.9	71.1

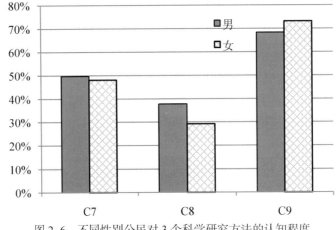

图 2-6　不同性别公民对 3 个科学研究方法的认知程度

表 2-13　舟山市不同性别公民对基本科学研究方法和过程的认知程度　　单位（%）

正确理解达到要求	男	女	总体
了解基本科学研究方法和过程	36.0	36.6	36.3

4. 舟山市不同性别公民对科学与社会关系的理解程度

表 2-14 中，调查样本的统计数据显示：

（1）舟山市不同性别公民对生活与工作之间关系处理能力

一是抗生素问题，男性公民的认知正确率为 43.5%、女性公民的认知正确率为 48.9%，说明男性公民与女性公民对抗生素问题的正确认知差异不显著，女性公民的认知好于男性公民。

二是接种疫苗问题，男性公民的认知正确率为 41.9%、女性公民的认知正确率为 51.9%，说明男性公民对接种疫苗问题的正确认知低于女性公民。

三是乙肝病毒问题，男性公民的认知正确率为68.6%、女性公民的认知正确率为68.5%，说明男性公民与女性公民认知基本没有差异。

（2）舟山市不同性别公民对生存与发展之间关系的科学意识

一是放射性问题，男性公民的认知正确率为55.6%、女性公民的认知正确率为65.7%，说明男性公民与女性公民对放射性问题的认知差异显著，女性公民对放射性问题的正确认知好于男性公民。

二是电脑算命问题，男性公民的认知正确率为74.4%、女性公民的认知正确率为67.7%，说明男性公民与女性公民对电脑算命问题的正确认知差异显著，男性公民对电脑算命问题的正确认知好于女性公民。

三是辐射有害问题，男性公民的认知正确率为18.2%、女性公民的认知正确率为27.6%，尽管男性公民与女性公民对辐射有害问题的正确认知差异显著，但都说明男性公民与女性公民对辐射的危害性的正确认识远远不够。

表2-14　舟山市不同性别公民对科学与社会之间关系的认知程度　　　单位（%）

序		正确理解率		
		男	女	总体
1	抗生素问题	43.5	48.9	46.5
2	接种疫苗问题	41.9	51.9	47.51
3	放射性问题	55.6	65.7	61.3
4	乙肝病毒问题	68.6	68.5	68.5
5	电脑算命问题	74.4	67.7	70.7
6	辐射有害的问题	18.2	27.6	23.5

（3）舟山市不同性别公民对反对各种迷信的做法的认知程度

表2-15数据显示，选择"求签"的被访者中能够正确理解，男性公民比例为50.5%，女性公民为46.8%，男性高于女性；选择"相面"的被访者中能够正确理解，男性公民比例为57.5%，女性公民为52.1%，男性高于女性；选择"星座预测"的被访者中能够正确理解，男性公民比例为70.8%，女性公民是68.5%，男性高于女性；选择"周公解梦"的被访者中能够正确理解，男性公民比例是72.6%，女性公民是70.4%，男性高于女性；选择"电脑算命"的被访者中能够正确理解，男性公民比例是74.4%，女性公民比例是67.7%；反对各种迷信者中，男性公民比例是35.7%，女性公民是28.8%，总体为31.8%。

表2-15　舟山市不同性别公民对各种迷信的正确认知程度　　　单位（%）

迷信做法	求签	相面	星座预测	周公解梦	电脑算命	反对各种迷信
男	50.5	57.5	70.8	72.6	74.4	35.7
女	46.8	52.1	68.5	70.4	67.7	28.8
总体	48.5	54.5	69.6	71.4	70.7	31.8

（4）舟山市公民对各种治疗和处理健康方面的问题的能力

性别差异情况由调查数据得知，男性 649 人中有 73 人没有健康问题，占 11.3%，女性 837 人中有 95 人没有健康问题，占 11.4%。其他人群按多重响应无排序统计选项值为 2～9 的情况如表 2-16 所示。

表 2-16　舟山市对各种治疗和处理健康方面的问题的认知程度　　　单位（%）

响应（百分比）		男	女
处理健康方式	1.没有健康问题	11.3	11.4
	2.自己找药吃	52.6	53.0
	3.自己治疗处理	5.1	5.3
	4.祈求神灵保佑	2.5	1.8
	5.心理咨询与心理治疗	2.6	2.0
	6.看医生（西医为主）	20.8	22.4
	7.看医生（中医为主）	4.8	3.8
	8.什么方法都没用过	0.2	0.2
	9.其他（记录）	0.0	0.0

表 2-16 数据显示，选择"自己找药吃"的被访者中，男性公民有 28.9%，女性公民有 30.3%，女性略高于男性；选择"自己治疗处理"的被访者中，男性公民有 13.8%，女性公民有 13.8%，男性公民与女性公民相同；选择"看医生（西医为主）"的被访者中，男性公民比例为 27.6%，女性公民比例是 28.5%；选择"看医生（中医为主）"的被访者中，男性公民有 20.1%，女性公民有 20.2%。

5. 舟山市不同性别公民对科学与社会之间关系认知程度

由表 2-17，舟山市不同性别公民对科学与社会之间关系的正确认知达到要求的状况是，男性公民能够达到要求的比例是 42.4%，女性公民能够达到要求的比例是 37.9%，且男性公民的正确认知水平显著高于女性公民的水平。

表 2-17　舟山市不同性别公民对科学与社会之间关系的认知程度　　　单位（%）

正确理解达到要求	男	女	总体
了解科学与社会之间关系	49.6	43.7	46.3

（二）舟山市城乡公民基本科学素质水平的差异分析

在本次调查中，舟山市的城镇人口具备基本科学素质的水平为 5.70%，非城镇人口具备基本科学素质的水平为 4.84%。经检验公民了解基本科学术语的这种城乡差异非常显著。

1. 舟山市城乡公民对基本科学知识的了解程度

城镇公民和非城镇公民对问卷中的 18 道基本科学观点题目的正确了解状况列于表 2-18。从表中的统计数据可以看出,城镇公民对各道题目的了解均高于非城镇公民,且正确回答各题的水平趋势是一致的,只对"乙肝病毒不会通过空气传播"的题目正确理解率是非城镇公民高于城镇公民。对"激光是由汇聚声波而产生的"、"抗生素能够杀死病毒"等专业性较强的问题,非城镇答对的比例较低。(见图 2-7)

表 2-18　舟山市城乡公民对 18 个基本科学观点的认知程度　　　单位（%）

序	选　　项	城镇	非城镇	总体
1	地心的温度非常高	83.9	78.7	81.0
2	我们呼吸的氧气来源于植物	77.9	72.3	74.8
3	母亲的基因决定孩子的性别	79.5	64.7	71.4
4	抗生素能够杀死病毒	53.5	40.8	46.5
5	数百年来,我们生活的大陆在缓慢漂移,并继续漂移	73.4	60.8	66.5
6	接种疫苗可以治疗多种传染病	55.5	41.0	47.5
7	最早期的人类与恐龙生活在同一个年代	59.2	45.7	51.7
8	含有放射性物质的牛奶经过煮沸后对人体无害	70.3	54.0	61.3
9	光速比声速快	82.8	70.1	75.8
10	地球的板块运动会造成地震	84.2	79.1	81.4
11	乙肝病毒不会通过空气传播	65.0	71.4	68.5
12	植物开什么颜色的花是由基因决定的	55.9	53.2	54.4
13	声音只能在空气中传播	67.3	49.0	57.2
14	就目前所知,人类是从较早期的动物进化而来	72.9	68.5	70.5
15	所有的放射性现象都是人为造成的	72.3	56.3	63.5
16	激光是由汇聚声波而产生的	36.2	35.4	35.7
17	电子比原子小	47.1	38.3	42.3
18	地球围绕太阳转一圈的时间是一天	67.9	51.2	58.7

2. 舟山市城镇公民对基本科学术语的认知程度

城乡公民对 4 个基本科学术语的了解水平见图 2-8,表 2-19,从中可以看出,对 DNA（脱氧核糖核酸）、因特网和辐射,城镇公民认知的水平都要高于非城镇公民;对分子, 城镇公民认知的水平略低于非城镇公民。

城镇公民对基本科学术语的正确认知水平较略显低于非城镇公民,其中,正确了解最多的对"因特网"科学术语的理解,对分子和 DNA 的正确认知的水平为接近三分之一到近半,对"辐射"的认知水平相对较小。

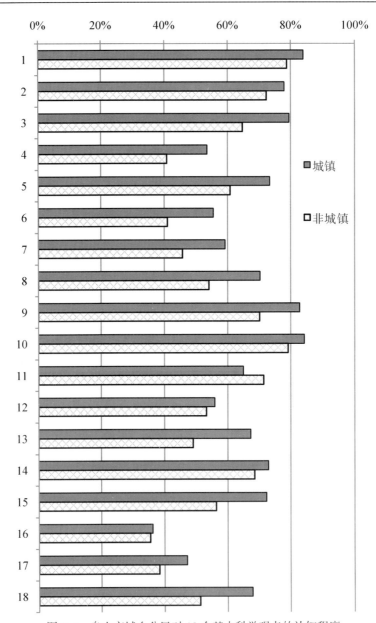

图 2-7　舟山市城乡公民对 18 个基本科学观点的认知程度

备注：图 2-7 中级轴序号与测试题序对应为：1-9（c1 题 1-9）；10-18（c2 题 1-9）

表 2-19　舟山市城乡公民对 4 个基本科学术语的认知程度　　　单位（%）

科学术语	分子	DNA	因特网	辐射	对 4 个基本科学术语正确理解率
城镇	27.2	34.8	46.3	28.7	16.3
非城镇	32.1	34.3	44.4	21.2	17.0

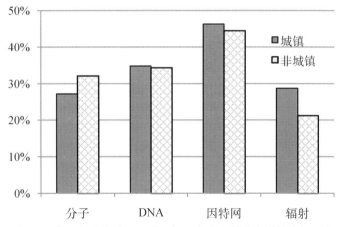

图 2-8　舟山市城乡公民正确理解 4 个基本科学术语的认知程度

3. 舟山市城乡公民对基本科学观点的认知程度

表 2-20 调查样本统计数据显示，城镇公民对于 C1 问题 9 个测试题目能够正确回答其中 6 个及以上问题的比率是 70.0%，对于 C2 问题 9 个测试题目能够正确回答其中 6 个及以上问题的比率是 54.7%。同时对 18 个基本科学观点能够正确回答其中 12 个及以上问题的比率是 57.4%。同时对 4 个科学术语能够正确理解的比率是 16.3%。综合统计，城镇公民对基本科学技术知识的正确认知比率是 13.0%。

非城镇公民对于 C1 问题 9 个测试题目能够正确回答其中 6 个及以上问题的比率是 48.6%，对于 C2 问题 9 个测试题目能够正确回答其中 6 个及以上问题的比率是 42.0%。同时对 18 个基本科学观点能够正确回答其中 12 个及以上问题的比率是 37.9%。同时对 4 个科学术语能够正确理解的比率是 17.0%。综合统计，乡村公民对基本科学技术知识的正确认知的比率是 13.1%。

表 2-20　舟山市城乡公民对基本科学知识认知程度　　　　　单位（%）

正确理解达到要求	城镇	非城镇	总体
基本科学技术知识 （对科学基本观点和科学术语）	13.00	13.10	13.06

表 2-20 数据显示，城镇公民正确了解基本科学知识的水平略低于非城镇公民，且差异不显著。

4. 舟山市城乡公民对基本科学方法的了解程度

由表 2-21 可知，城乡公民回答各道题目正确水平的趋势和总体趋势是一致的，城镇公民对"科学地研究事物"的正确理解和对"科学家测试新药疗效"的正确理解与非城镇公民是基本一致的；对"生育孩子患遗传病的概率"问题的正确理解，城镇公民远高于非城镇公民，而且这种差异是显著的。

表 2-21 舟山市城乡公民对科学研究的基本方法和过程的认知程度　　　单位（%）

对科学研究的基本方法和过程	C7.对"科学地研究事物"的理解	C8.对"科学家测试新药疗效"的理解	C9.对"生育孩子患遗传病的概率"的理解
城镇	49.0	33.1	80.1
非城镇	48.7	32.8	63.8
总体	48.8	32.9	71.1

表 2-22，图 2-9，综合这三道测试题的统计数据显示，公民了解基本科学方法的水平，城镇公民正确认知基本科学方法的水平是 38.5%，非城镇公民正确认知基本科学方法的水平为 34.5%，二者比较接近。在显著性水平为 0.05 的 Wilcoxon 检验下，这种差异是显著的。

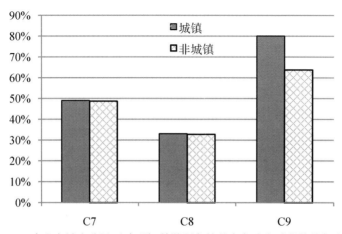

图 2-9　舟山市城乡公民正确理解科学研究的基本方法和过程的认知程度

表 2-22 列出城乡公民对科学研究的基本方法和过程的认知能够达到要求的状况。数据显示，城镇公民正确了解科学研究的基本方法和过程的水平略高于非城镇公民，且差异不够显著。

表 2-22　舟山市城乡公民对科学研究的基本方法和过程的认知程度　　　单位（%）

正确理解达到要求	城镇	非城镇	总体
对基本科学研究方法和过程	38.5	34.5	36.3

5. 舟山市城乡公民对科学与社会关系的认知程度

在表 2-23 中，调查样本的统计数据显示：

表 2-23　舟山市城乡公民对科学与社会之间关系的认知程度　　　单位（%）

序		正确理解率		
		城镇	非城镇	总体
1	抗生素问题	53.5	40.8	46.5
2	接种疫苗问题	55.5	41.0	47.5
3	放射性问题	70.3	54.0	61.3
4	乙肝病毒问题	65.0	71.4	68.5
5	电脑算命问题	69.7	71.5	70.7
6	辐射有害的问题	40.8	28.0	23.5

（1）舟山市城乡公民对生活与工作之间关系的科学处理能力

一是抗生素问题，城乡公民的认知正确率分别为 53.5%和 40.8%，说明城乡公民对抗生素问题的正确认知差异显著，城镇公民的正确认知好于乡村公民。但都说明，科普活动需要提高城乡公民对抗生素问题的正确认知。

二是接种疫苗问题，城乡公民的认知正确率分别为 55.5%和 41.0%，说明城乡公民对接种疫苗问题的正确认知差异显著，城镇公民的正确认知好于乡村公民。但都说明，科普活动需要提高乡村公民对接种疫苗问题的正确认知。

三是对乙肝病毒问题，城乡公民的认知正确率为 65.0%和 71.4%，说明城乡公民对乙肝病毒问题的正确认知差异显著，乡村公民的正确认知好于城镇公民。仍然需要提高对部分尚未正确认知的公民进行对乙肝病毒问题的正确认知宣传。

（2）舟山市公民对生存与发展之间关系的科学意识

一是放射性问题，城乡公民的认知正确率分别为 70.3%和 54.0%，说明城乡公民对接种疫苗问题的正确认知差异显著，城镇公民的正确认知好于乡村公民。要说明，科普活动需要提高城乡公民对放射性问题的正确认知；还需要加强对乡村公民食品安全的科普宣传和引导工作。

二是电脑算命问题，城乡公民的认知正确率分布分别为 69.7%和 71.5%，说明城乡公民对电脑算命问题的正确认知差异显著，乡村公民的正确认知好于城镇公民。这个结果有些异常，但都说明，对舟山市公民进行科普宣传和引导活动时，需要将这类的科普知识列为很重要的内容之一。

三是辐射有害问题，城乡公民的认知正确率为 40.8%和 28.0%，说明城乡公民对辐射有害问题的正确认知差异显著，城镇公民的正确认知好于乡村公民。但都说明，对舟山市公民进行科普宣传和引导活动时，需要将这类的科普知识列为很重要的内容之一，特别对含有辐射物质的生活废弃物的正确处置的宣传要加强，要重视做好对生活垃圾的科学分类的城市文明宣教活动。

（3）舟山市城乡公民对反对各种迷信的做法的正确认知程度

表 2-24 数据显示，选择"求签"的被访者中正确认知，城镇公民比例有 50.9%，乡村公民有 46.4%，男性高于女性；选择"相面"的被访者中正确认知，城镇公民比

例有 54.7%，乡村公民有 54.2%，城镇高于乡村；选择"星座预测"的被访者中正确认知，城镇公民比例有 71.3%，乡村公民有 68.1%，城镇高于乡村；选择"周公解梦"的被访者中正确认知，城镇公民比例有 71.3%，乡村公民有 71.4%，乡村高于城镇；选择"电脑算命"的被访者中正确认知，城镇公民比例有 69.7%，乡村公民有 71.5%。并且，城镇公民正确认识，反对各种迷信比例是 33.0%，乡村公民正确认识反对各种迷信的比例是 30.8%，差异较显著。

表 2-24　舟山市城乡公民对各种迷信的正确认知程度的差异　　单位（%）

各种迷信做法	求签	相面	星座预测	周公解梦	电脑算命	反对各种迷信
城镇	50.9	54.7	71.3	71.3	69.7	33.0
非城镇	46.4	54.2	68.1	71.4	71.5	30.8
总体	48.5	54.5	69.6	71.4	70.7	31.8

（4）舟山市公民对各种治疗和处理健康方面的（C11）问题的能力

表 2-25 样本数据得知，城镇 669 人中有 59 人没有健康问题，占 8.9%，非城镇 817 人中有 109 人没有健康问题，占 13.4%。其他人群按多重响应无排序统计选项值为 2～9 的情况如下：

表 2-25　城乡公民对各种治疗和处理健康方面的测试题响应状况　　单位（%）

	响应状况（%）	城镇	非城镇
处理健康方式	1.没有健康问题	8.9	13.4
	2.自己找药吃	54.1	51.8
	3.自己治疗处理	5.0	5.4
	4.祈求神灵保佑	1.4	2.7
	5.心理咨询与心理治疗	2.9	1.8
	6.看医生（西医为主）	22.8	20.9
	7.看医生（中医为主）	4.7	3.9
	8.什么方法都没用过	0.3	0.1
	9.其他（记录）	0.0	0.0

表 2-25 数据显示，选择"自己找药吃"的被访者中，城镇公民有 54.1%，乡村公民有 51.8%，乡村公民略低于城镇公民；选择"自己治疗处理"的被访者中，城镇公民有 5.0%，乡村公民有 5.4%，乡村公民高于城镇公民不显著；选择"看医生（西医为主）"的被访者中，城镇公民有 22.8%，乡村公民有 20.9%，城镇公民高于乡村公民不显著；选择"看医生（中医为主）"的被访者中，城镇公民有 4.7%，乡村公民有 3.9%，城镇公民高于乡村公民较显著。

6. 舟山市城乡公民对科学与社会的关系的认知程度

表 2-26 列出城乡公民对科学与社会的关系的认知能够达到要求的状况。数据显

示，城镇公民正确了解科学与社会的关系的水平略高于非城镇公民，相对超出非城镇公民了解水平，且差异略显著。

表2-26　舟山市城乡公民对科学与社会的关系的认知程度　　　单位（%）

正确理解达到要求	城镇	非城镇	总体
了解基本科学与社会的关系	48.9	44.2	46.3

（三）舟山市不同年龄的公民基本科学素质水平的分析

随着经济发展、对教育的重视程度不断加强，能接受完整基础教育的公民数量也不断上升，具备基本科学素质的公民日益年轻化。其中，18～29岁公民科学认知程度为6.72%；再其次，30～39周岁公民科学认知程度为6.69%；40～49周岁公民的科学认知程度为5.67%；其余是，50～59周岁、60～69周岁公民的科学认知程度相对较低，分别为3.54%、3.65%。经检验，各年龄段公民的科学认知程度有着显著差异。

1. 舟山市不同年龄公民科学知识认知程度

本研究测试的科学知识的认知程度，不同年龄段公民的认知程度各不相同。总体情况，不同年龄段公民对简单的、浅显的问题基本掌握，而对相应复杂、前沿、需要阅读大量书籍等，掌握程度不高；随年龄段的上升，对科学知识的认知程度呈明显的递减趋势。

表2-27，图2-10显示，不同年龄的公民科学认知程度：年龄段依次排序18～29岁；30～39岁；40～49岁；50～59岁；60～69岁，按年龄依次正确理解率为依次降低。我们选18～29岁最低年龄段（以下称"低龄段"）和60～69岁最高的年龄段（以下称"高龄段"）对科学知识的认知程度比较，科学知识的认知程度差距明显。地心的温度非常高，低龄段正确理解率为89.2%，高龄段正确理解率为80.1%，低龄段比高龄段高9.1个百分点；我们呼吸的氧气来源于植物，低龄段正确理解率为75.3%，高龄段正确理解率为70.1%，低龄段比高龄段高5.2个百分点；母亲的基因决定孩子的性别，低龄段正确理解率为78.0%，高龄段正确理解率为66.5%，低龄段比高龄段高11.5个百分点；抗生素能够杀死病毒，低龄段正确理解率为38.2%，高龄段正确理解率为43.4%，低龄段比高龄段低5.2个百分点；数百年来，我们生活的大陆在缓慢漂移，并继续漂移，低龄段正确理解率为79.0%，高龄段正确理解率为56.6%，低龄段比高龄段高22.4个百分点；接种疫苗可以治疗多种传染病，低龄段正确理解率为43.0%，最高龄段正确理解率为44.8%，中间龄段（40～49周岁）正确理解率为最高，是52.1%，与低龄段（最小值）相差9.1个百分点；最早期的人类与恐龙生活在同一个年代，低龄段正确理解率为52.7%，高龄段正确理解率为54.8%，低龄段比高龄段低2.1个百分点；含有放射性物质的牛奶经过煮沸后对人体无害，低龄段正确理解率为68.8%，高龄段正确理解率为58.8%，低龄段比高龄段高10个百分点；光速比声速快，低龄段正确理解率为84.4%，高龄段正确理解率为67.9%，低龄段比高龄段高16.5个百分点；地球的板块运动会造成地震，低龄段正确理解率为90.3%，高龄段正确理

解率为 77.8%，低龄段比高龄段高 12.5 个百分点；乙肝病毒不会通过空气传播，低龄段正确理解率为 68.8%，高龄段正确理解率为 61.5%，低龄段比高龄段高 7.3 个百分点；植物开什么颜色的花是由基因决定的，低龄段正确理解率为 60.2%，高龄段正确理解率为 47.1%，低龄段比高龄段高 13.2 个百分点；声音只能在空气中传播，低龄段正确理解率为 62.4%，高龄段正确理解率为 56.1%，低龄段比高龄段高 6.3 个百分点；就目前所知，人类是从较早期的动物进化而来，低龄段正确理解率为 81.2%，高龄段正确理解率为 68.8%，低龄段比高龄段高 12.4 个百分点；所有的放射性现象都是人为造成的，低龄段正确理解率为 75.3%，高龄段正确理解率为 59.7%，低龄段比高龄段高 15.6 个百分点；激光是由汇聚声波而产生的，低龄段正确理解率为 35.5%，高龄段正确理解率为 34.8%，低龄段比高龄段高 0.7 个百分点；电子比原子小，低龄段正确理解率为 43.0%，高龄段正确理解率为 35.7%，低龄段比高龄段高 7.3 个百分点；地球围绕太阳转一圈的时间是一天，低龄段正确理解率为 67.7%，高龄段正确理解率为 53.4%，低龄段比高龄段高 14.3 个百分点。

表 2-27　舟山市不同年龄的公民对 18 个基本科学观点的认知程度　　单位（%）

序	选　　项	18～29 岁	30～39 岁	40～49 岁	50～59 岁	60～69 岁
1	地心的温度非常高	89.2	82.7	80.5	76.2	80.1
2	我们呼吸的氧气来源于植物	75.3	78.9	74.6	74.4	70.1
3	母亲的基因决定孩子的性别	78.0	71.8	70.5	72.0	66.5
4	抗生素能够杀死病毒	38.2	44.2	49.0	51.8	43.4
5	数百年来，我们生活的大陆在缓慢漂移，并继续漂移	79.0	70.7	67.8	60.4	56.6
6	接种疫苗可以治疗多种传染病	54.3	51.0	42.7	40.2	42.1
7	最早期的人类与恐龙生活在同一个年代	52.7	56.5	49.9	47.6	54.8
8	含有放射性物质的牛奶经过煮沸后对人体无害	68.8	63.9	62.6	54.6	58.8
9	光速比声速快	84.4	78.9	75.3	74.4	67.9
10	地球的板块运动会造成地震	90.3	84.0	82.3	75.0	77.8
11	乙肝病毒不会通过空气传播	68.8	74.1	70.2	65.5	61.5
12	植物开什么颜色的花是由基因决定的	60.2	60.9	55.6	48.8	47.1
13	声音只能在空气中传播	62.4	58.2	56.7	54.9	56.1
14	就目前所知，人类是从较早期的动物进化而来	81.2	71.8	69.6	65.9	68.8
15	所有的放射性现象都是人为造成的	75.3	67.3	63.0	56.7	59.7
16	激光是由汇聚声波而产生的	35.5	37.1	35.0	36.3	34.8
17	电子比原子小	43.0	40.1	47.3	41.2	35.7
18	地球围绕太阳转一圈的时间是一天	67.7	54.4	61.9	56.4	53.4

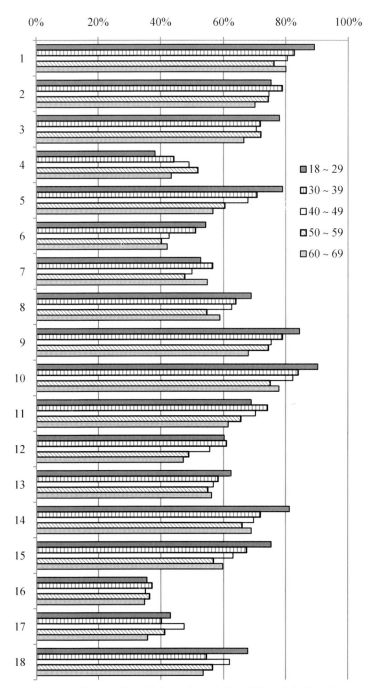

图 2-10　舟山市不同年龄公民对 18 个基本科学观点的认知程度

备注：图 2-10 中纵轴序号与测试题序对应为：1-9（c1 题 1-9）；10-18（c2 题 1-9）。

2. 舟山市公民对科学术语的认知程度

表 2-28、图 2-11 显示，对科学术语的认知状况，对分子、DNA（脱氧核糖核酸）、因特网和辐射 4 个术语，不同年龄段公民对 4 个基本科学术语了解，了解水平最高的是因特网，其次是分子、DNA，对辐射的认识较低。并且随着年龄段的增加，正确了解这 4 个科学术语的水平呈递减的趋势。对因特网和分子的认知，18～39 岁公民正确了解的水平显著高于 50 岁以上的公民。对辐射的正确认识，小于 50 岁的公民显著高于大于 50 岁的公民。

表 2-28　舟山市不同年龄的公民对基本科学术语的认知程度　　　　单位（%）

科学术语	分子	DNA	因特网	辐射
18～29 周岁	22.0	31.2	76.9	23.1
30～39 周岁	43.5	36.4	46.3	27.9
40～49 周岁	26.5	35.4	48.6	27.8
50～59 周岁	25.6	34.5	38.4	20.7
60～69 周岁	26.2	33.0	39.4	20.4

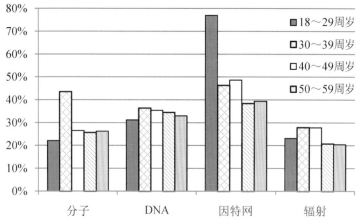

图 2-11　舟山市不同年龄段公民正确理解 4 个基本科学术语的认知程度

表 2-29 数据显示，不同年龄的公民正确了解基本科学术语的水平随着年龄的增高，认知的水平随之逐步降低，且差异相对较显著。

表 2-29　舟山市不同年龄的公民对基本科学技术术语的认知程度　　　　单位（%）

正确理解达到要求	18～29	30～39	40～49	50～59	60～69	总体
了解基本科学术语	18.3	17.0	18.2	13.7	16.3	16.7

3. 不同年龄的公民基本科学技术观点认知程度

表 2-30 调查样本的统计数据结果显示，不同年龄公民对 C1 问题 9 个测试题目能够正确了解其中 6 个及以上问题，对 C2 问题 9 个测试题目能够正确了解其中 6 个及

以上问题，对18个基本科学观点能够正确了解其中12个及以上问题，对4个科学术语能够正确了解和公民综合的科学技术知识认知情况。不同年龄的公民基本科学技术观点认知程度：年龄段依次排序 18～29；30～39；40～49；50～59；60～69 周岁，仍然是按年龄依次正确理解率为依次降低。其中 18 个基本科学观点能够正确了解其中 12 个及以上问题差距最大，18～29 年龄段与 60～69 年龄段，基本科学技术观点认知程度高近 30 个百分点。综合统计，不同年龄公民对基本科学技术知识的正确认知的比率列于下表 2-30。

表 2-30　舟山市不同年龄公民对于基本科学技术观点的认知程度　单位（%）

正确理解率	C1 中正确回答 6 个及以上	C2 中正确回答 6 个及以上	18 个观点中正确回答 12 个及以上	对 4 个科学术语	基本科学知识
18～29 周岁	70.4	60.2	62.4	18.3	14.0
30～39 周岁	63.9	50.0	46.3	17.0	12.3
40～49 周岁	55.8	47.3	48.1	18.2	14.2
50～59 周岁	51.8	41.2	42.4	13.7	11.3
60～69 周岁	54.8	39.8	37.6	16.3	13.6

4. 舟山市不同年龄公民科学方法认知的程度

不同年龄段公民对科学方法的认知不同。表 2-31、图 2-12 显示：年龄段依次排序 18～29；30～39；40～49；50～59；60～69 周岁，按年龄依次理解率为依次降低。对"科学地研究事物"的正确理解依次为60.2%、48.6%、50.8%、46.3%、39.1%、总体为 48.8%；对"对比法"问题的正确理解依次为 38.2%、34.4%、31.3%、29.6%、35.0%、总体为 32.9%；对概率问题的正确理解依次为 79.6%、75.5%、72.0%、67.1%、62.3%、总体为 71.1%。其中，对"科学地研究事物"的理解18～29 周岁年龄段明显高于其他四组年龄段。

表 2-32 显示：年龄段依次排序 18～29；30～39；40～49；50～59；60～69 周岁，按年龄依次理解率为依次降低。对科学研究方法和过程认知程度：正确理解依次 52.7%、37.1%、37.6%、31.4%、25.9%、36.3%。对科学研究方法和过程认知程度，18～29 周岁年龄段明显高于其他四组年龄段。

表 2-31　舟山市不同年龄公民对科学研究的基本方法和过程的认知程度　单位（%）

选　　项	18～29 岁	30～39 岁	40～49 岁	50～59 岁	60～69 岁	总体
C7.对"科学地研究事物"的理解	60.2	48.6	50.8	46.3	39.1	48.8
C8.对"科学家测试新药疗效"的理解	38.2	34.4	31.3	29.6	35.0	32.9
C9.对"生育孩子患遗传病的概率"的理解	79.6	75.5	72.0	67.1	62.3	71.1

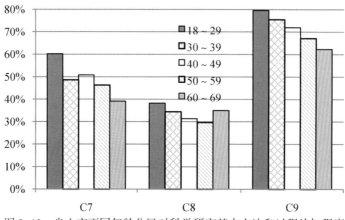

图 2-12　舟山市不同年龄公民对科学研究基本方法和过程认知程度

表 2-32　不同年龄公民对科学研究的方法和过程的认知程度　　　单位（%）

正确理解达到要求	18～29 岁	30～39 岁	40～49 岁	50～59 岁	60～69 岁	总体
对科学研究方法和过程	52.7	37.1	37.6	31.4	25.9	36.3

表 2-32，数据显示，舟山市不同年龄的公民对科学研究的方法和过程的正确了解水平随着年龄的增高，认知的水平随之逐步降低，且差异显著。

5. 舟山市不同年龄公民科学与社会关系认知程度

表 2-33 显示，不同年龄公民对科学与社会关系认知有明显差异。年龄段依次排序 18～29 周岁年龄段，回答 C14 抗生素问题，高于其他四组年龄段，分别占 55.4% 和 54.3%；回答 C16 接种疫苗和 C6a9 辐射有害两项问题，认知率最低；而回答 C18. 放射性问题认知率较高，高于其他四组年龄段，分别占 18.3% 和 13.4%。30～39 周岁和 40～49 周岁两个年龄段，6 项测试题中，回答 C18.放射性问题，C22.乙肝病毒问题，C105 电脑算命问题和 C6a9 辐射有害四项问题，认知率较高，相对高于其他年龄段。年龄段为 40～49 周岁公民回答 C16 接种疫苗的问题，认知率最高，相对高于其他年龄段；50～69 周岁两个年龄段，回答 C105 电脑算命问题和 C6a9 辐射有害两项问题，认知率相对较低于其他年龄段。

表 2-33　舟山市不同年龄公民对科学与社会关系的认知程度　　　单位（%）

序	正确理解率	18～29 周岁	30～39 周岁	40～49 周岁	50～59 周岁	60～69 周岁	总体
1	抗生素问题	55.4	50.0	41.8	33.5	44.3	46.5
2	接种疫苗问题	43.0	46.3	52.1	46.6	44.8	47.5
3	放射性问题	68.8	63.9	62.6	54.6	58.8	61.3
4	乙肝病毒问题	68.8	74.1	70.2	655	61.5	68.5
5	电脑算命问题	74.7	78.3	70.7	67.1	62.5	70.7
6	辐射有害问题	13.4	25.2	26.0	22.0	26.7	23.5

6. 舟山市不同年龄公民对预测人生命运的各种迷信做法的认知程度

表 2-34 显示，不同年龄公民对预测人生命运的各种迷信做法的正确认识有明显差异。18～29周岁年龄段，对于正确认识采用求签、相面等预测人生命运方法，分别占29%和39.2%，正确认知率相对高于其他四组年龄段。而能够正确认识预测人生命运不应该采用星座预测和电脑算命的选项相对偏低，分别占30.1%和44.6%，认知率低于其他四组年龄段。50～59周岁，60～69周岁两个年龄段，正确认识预测人生命运不应该采用求签、相面等方法，认知率较低，低于其他四组年龄段。40～49周岁年龄段，对预测人生命运不应该采用星座预测、周公解梦、电脑算命的正确认识率相对最高，均高于其他四个年龄组。

表 2-34　舟山市不同年龄公民对各种迷信的 5 个测试题的正确认知程度　单位（%）

迷信做法	求签	相面	星座预测	周公解梦	电脑算命	反对各种迷信
18～29周岁	59.6	69.3	60.7	74.2	74.7	41.9
30～39周岁	52.0	56.1	73.5	73.8	78.3	39.5
40～49周岁	53.2	58.5	74.4	72.5	70.7	34.8
50～59周岁	41.8	46.9	68.6	68.0	67.1	24.1
60～69周岁	33.9	42.5	62.9	68.3	62.9	18.6
总体	48.5	54.5	69.6	71.4	70.7	31.8

7. 舟山市不同年龄公民对各种治疗和处理健康方面的认知程度

对各种治疗和处理健康方面的 C11 问题的年龄差异情况，由调查数据得知，18～29周岁186人中有31人没有健康问题，占16.7%；30～39周岁294人中有36人没有健康问题，占12.3%；40～49周岁457人中有46人没有健康问题，占10.1%；50～59周岁328人中有35人没有健康问题，占10.7%；60～69周岁221人中有20人没有健康问题，占9.1%。其他人群按多重响应无排序统计选项值为2～9的情况列入表2-35。

表 2-35　舟山市不同年龄公民对各种治疗和处理健康问题的认知程度　单位（%）

响应		18～29岁	30～39岁	40～49岁	50～59岁	60～69岁
处理健康方式	1.没有健康问题	16.7	12.3	10.1	10.7	9.1
	2.自己找药吃	52.7	50.3	55.6	51.2	53.0
	3.自己治疗处理	1.6	8.2	5.5	4.6	4.6
	4.祈求神灵保佑	1.6	1.4	1.1	2.5	5.0
	5.心理咨询与心理治疗	3.8	3.4	0.9	1.8	3.2
	6.看医生（西医）	21.5	21.9	22.0	23.3	18.7
	7.看医生（中医）	2.2	2.4	4.2	5.8	6.4
	8.什么方法都没用过	0	0.0	0.7	0.0	0.0
	9.其他（记录）	0.0	0.0	0.0	0.0	0

表 2-35 数据显示，年龄差异表现为没有健康问题随着年龄段的增高成反比例；看中医的方式随着年龄段的增高成反比例；对健康方面的问题，自己治疗处理的方式在任何年龄段的人群比例居多。祈求神灵保佑的比例呈现随着年龄段的增高成正比例增长。

8. 舟山市城乡不同年龄公民对科学与社会的关系认知程度

表 2-36，数据显示，不同年龄的公民对科学与社会关系的正确了解水平随着年龄的增高，认知的水平随之逐步降低，但差异不够显著。

表 2-36　舟山市城乡不同年龄公民对科学与社会的关系认知程度　　单位（%）

正确理解达到要求	18～29 岁	30～39 岁	40～49 岁	50～59 岁	60～69 岁	总体
了解科学与社会的关系	54.3	53.4	48.6	38.1	37.6	46.3

（四）舟山市不同文化程度公民基本科学素质水平的分析

从世界各国的调查结果来看，科学素质无疑与受教育程度有着密切的关系，难以想象，一个连基本文化水平都不能达到的公民如何来判断"接种疫苗可以治疗多种传染病"、"早期的人类和恐龙生活在同一时代"之类的问题。但是受教育程度和科学素质水平之间的关联程度到底有多大？是否为我们一般所认同的那样：受教育程度越高的公民，具备基本科学素质的水平也越高呢？表 2-37 中的数据证实了这个结果，具有大学本科及以上文化程度的公民具备基本科学素质的水平达到了 9.84%。随着受教育程度的降低，公民具备基本科学素质的水平也依次降低；大学专科、高中或中专、初中、小学文化和不识字或识字很少的公民具备基本科学素质的水平分别为 5.73%、5.25%、5.68%、2.20% 和 3.01%。经检验，在 0.05 的显著性水平下，不同文化程度群体的基本科学素质水平差异呈现极显著。

1. 舟山市不同文化程度公民对基本科学知识的认知程度

舟山市不同文化程度公民了解基本科学观点的水平有显著性差，表 2-37、图 2-13 统计调查样本数据，测度不同文化程度公民科学素质水平是，大学本科及以上学历程度公民，对 18 个基本科学观点的正确选择均高于不识字或识字很少，小学、初中、高中（中专、技校）和大学专科文化程度、大学本科及以上学历程度公民，对基本科学知识的认知程度最高，不识字或识字很少对基本科学知识的认知程度最低。

表 2-37　舟山市不同文化程度公民对 18 个基本科学观点的认知程度　　单位（%）

序	选　项	不识字或识字很少	小学	初中	高中（中专、技校）	大学专科	大学本科及以上
1	地心的温度非常高	71.2	76.5	78.8	82.6	87.2	89.8
2	我们呼吸的氧气来源于植物	67.8	67.5	74.2	80.2	75.9	77.1

（续）

序	选　　项	不识字或识字很少	小学	初中	高中（中专、技校）	大学专科	大学本科及以上
3	母亲的基因决定孩子的性别	54.2	61.7	70.2	73.0	79.1	87.3
4	抗生素能够杀死病毒	37.3	41.6	47.2	51.1	42.2	50.0
5	数百年来，我们生活的大陆在缓慢漂移，并继续漂移	44.1	53.9	63.7	70.3	80.2	82.2
6	接种疫苗可以治疗多种传染病	35.6	42.4	49.2	51.3	40.6	55.1
7	最早期的人类与恐龙生活在同一个年代	30.5	42.0	49.8	59.1	51.9	66.9
8	含有放射性物质的牛奶经过煮沸后对人体无害	39.0	48.1	60.7	65.5	70.1	74.6
9	光速比声速快	49.2	67.1	71.2	83.2	84.5	89.8
10	地球的板块运动会造成地震	66.1	71.2	79.4	84.8	90.9	92.4
11	乙肝病毒不会通过空气传播	59.3	58.0	67.3	75.4	71.1	73.7
12	植物开什么颜色的花是由基因决定的	35.6	46.5	54.4	58.3	56.7	64.4
13	声音只能在空气中传播	37.3	53.1	55.4	58.0	65.8	66.9
14	就目前所知，人类是从较早期的动物进化而来	59.3	61.3	66.9	72.7	81.3	86.4
15	所有的放射性现象都是人为造成的	37.3	46.9	61.9	67.9	74.9	85.6
16	激光是由汇聚声波而产生的	30.5	29.6	38.5	34.2	35.8	43.2
17	电子比原子小	23.7	33.3	45.2	41.7	48.1	49.2
18	地球围绕太阳转一圈的时间是一天	37.3	51.4	60.5	61.8	57.8	67.8

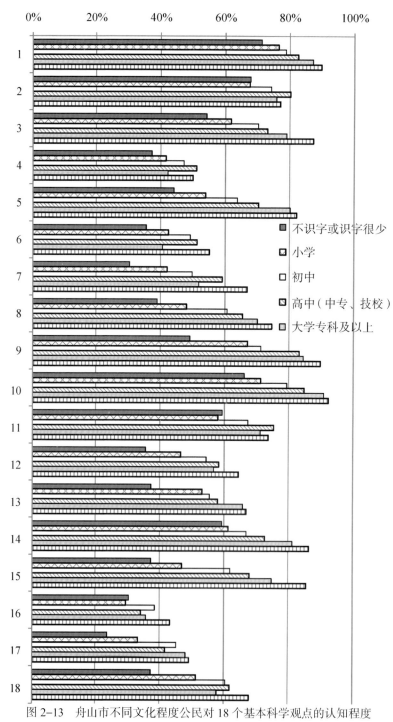

图 2-13　舟山市不同文化程度公民对 18 个基本科学观点的认知程度

备注：图 2-13 中纵轴序号与测试题序对应为：1-9（c1 题 1-9）；10-18（c2 题 1-9）

2. 舟山市不同文化程度公民对基本科学术语的认知程度

舟山市不同文化程度公民了解分子、DNA（脱氧核糖核酸）、因特网、辐射这 4 个术语的正确认知水平见表 2-38 和图 2-14。由数据显示，公民对于科学术语的正确认识理解的水平与受教育程度有着密切的关系，其中，数据都遵循着同一个规律：受教育程度越高，了解科学术语程度越高。对于大专以上文化程度的公民而言，他们对于这 4 个科学术语的理解都没有太大区别，见表 2-39。

表 2-38　舟山市不同文化程度公民对基本科学术语的认知程度　　　　单位（%）

科学术语	分子	DNA	因特网	辐射
不识字或识字很少	22.0	22.0	33.9	10.2
小学	26.3	34.6	32.5	14.0
初中	27.6	40.7	44.2	25.6
高中（中专、技校）	28.9	31.8	46.8	28.3
大学专科	38.0	31.6	54.5	26.2
大学本科及以上	40.6	27.1	61.9	34.7

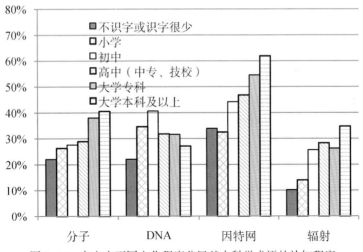

图 2-14　舟山市不同文化程度公民基本科学术语的认知程度

表 2-39　舟山市不同文化程度公民对 4 个基本科学术语的认知程度　　　单位（%）

正确理解达到要求	不识字或识字很少	小学	初中	高中（中专、技校）	大学专科	大学本科及以上	总体
基本科学术语	3.39	11.11	17.86	16.04	21.93	22.88	16.69

3. 舟山市不同文化程度公民对基本科学技术观点的认知程度

不同文化程度公民对基本科学技术观点的认知程度见表 2-40。从公民回答 18 道基本科学观点题的具体情况，可以看出一个不变的规律在这里又一次体现：受教育程度越高，了解科学术语程度越高，且相关性比较强。不同文化程度公民对各个问题的回答与总体趋势相似，都是对简单、浅显问题答对的水平较高，而对复杂的、专业性较强的问题答对的水平相对较低。

不同文化程度对基本科学观点了解程度的差异相当大。通常大专及其以上文化程度公民对 18 个基本科学观点题答对的水平在半数以上，而小学以下文化程度公民对基本科学观点题的了解程度多数都非常低。表 2-40 的数据显示，大专及其以上文化程度公民比较一般不识字或识字很少公民的正确了解水平的 1.5～2 倍，高者能达到 3～4 倍。

表 2-40　舟山市不同文化程度的公民对基本科学技术知识的认知程度　　单位（%）

正确理解达到要求	不识字或识字很少	小学	初中	高中（中专、技校）	大学专科	大学本科及以上	总体
对基本科学技术知识	3.39	8.23	13.69	13.10	15.51	20.34	13.06

表 2-41 数据显示，调查样本的统计数据结果，即不同文化程度公民对于 C1 问题 9 个测试题目能够正确回答其中 6 个及以上问题的比率，对于 C2 问题 9 个测试题目能够正确回答其中 6 个及以上问题的比率，同时对 18 个基本科学观点能够正确回答其中 12 个及以上问题的比率和同时对 4 个科学术语能够正确理解的比率。综合统计不同文化程度公民对基本科学技术知识的正确认知的比率。列于表 2-41。

表 2-41　舟山市不同文化程度公民对于基本科学技术观点认知程度　　单位（%）

正确理解率	C1 中正确回答6 个及以上	C2 中正确回答6 个及以上	18 个观点中正确回答 12 个及以上	对 4 个科学术语	基本科学知识
不识字或识字很少	27.1	22.0	15.25	3.39	3.39
小学	42.4	32.9	31.28	11.11	8.23
初中	52.8	46.2	43.45	17.86	1369
高中（中专、技校）	65.5	52.4	54.55	16.04	13.10
大学专科	74.9	56.1	52.41	21.93	15.51
大学本科及以上	79.7	68.6	73.73	22.88	20.34
总体	58.2	47.7	46.70	16.69	13.06

从表 2-41 数据显示，不同文化程度公民对基本科学知识了解水平与受教育程度呈现出明显的正相关趋势。相邻文化程度公民了解基本科学知识的水平都相差在 5%～15% 的范围内，文化程度最高的公民了解基本科学知识的水平是文化程度最低（不识字或识字很少）的公民了解基本科学知识水平的 3 倍多。经检验，在 0.05 显著性水平下，这种差异是显著的，即也有同样的结论——高文化程度的公民了解基本科学知识的水平要显著高于低文化程度的公民。

4. 舟山市不同文化程度公民对基本科学方法的认知程度

表 2-42，表 2-43，图 2-15 显示，不同文化程度公民基本科学研究方法认知程度，大学专科以上文化程度的公民最高，大学专科和大学本科及以上公民对科学研究方法和过程正确理解达到要求的比例分别为 47.6% 和 60.2%；不识字或识字很少文化程度最低，对科学研究方法和过程正确理解达到要求的比例分别为 18.6%；对科学研究方法的认知水平，大学专科和大学本科及以上公民是不识字或识字很少文化程度公民的 3~4 倍。仍然呈现出公民文化程度和了解水平呈完全正相关趋势的客观规律。经检验，在 0.05 的显著性水平下，不同文化程度公民了解基本科学方法程度的差异是极显著的。

表 2-42　舟山市不同文化程度公民对科学研究和过程的认知程度　　　单位（%）

	不识字或识字很少	小学	初中	高中（中专、技校）	大学专科	大学本科及以上	总体
C7.对"科学地研究事物"的理解	45.8	38.3	44.5	50.5	57.2	71.2	48.8
C8.对"科学家测试新药疗效"的理解	32.2	28.4	34.2	33.4	45.5	31.4	32.9
C9.对"生育孩子患遗传病的概率"的理解	47.5	55.1	71.2	76.5	81.3	83.1	71.1

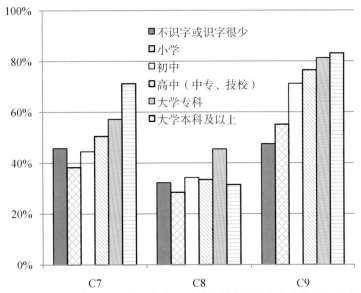

图 2-15　舟山市不同文化程度公民对科学研究的基本方法的认知程度

表 2-43　舟山市不同文化程度公民对科学研究的基本方法和过程的认知程度　　　单位（%）

正确理解达到要求	不识字或识字很少	小学	初中	高中（中专、技校）	大学专科	大学本科及以上	总体
对科学研究方法和过程	18.6	22.6	34.6	37.2	47.6	60.2	36.3

5. 舟山市不同文化程度公民对科学与社会关系的认知程度

（1）舟山市公民对生活与工作之间关系处理能力和对生存与发展之间关系的认知程度

表 2-44 中，调查样本的统计数据显示：对抗生素问题、接种疫苗问题和乙肝病毒问题，仍然趋同于文化程度越高的公民这些问题的认知正确率越高，说明文化程度越高的公民对生活与工作之间关系处理能力必然越强；对放射性物质问题、电脑算命问题和辐射有害问题的正确认识，同样显示，公民的文化程度的高低与对这些问题的认知正确率呈现正相关的关系，也说明文化程度愈高的公民对生存与发展之间关系的科学意识愈强。只是对电脑算命的问题上，表现的差异很不显著；对辐射有害的问题，普遍认识不够。

表 2-44 显示，舟山市不同文化程度公民的科学和社会关系的认知程度，大专以上文化程度公民了解科学与社会之间关系的水平最高，不识字或识字很少文化程度公民最低；对科学和社会关系的了解水平均与公民文化程度呈正相关。经检验，在 0.05 的显著性水平下，相应的差异是显著的。

表 2-44 　舟山市不同文化程度公民对科学与社会之间关系的认知程度　　单位（%）

序		不识字或识字很少	小学	初中	高中（中专、技校）	大学专科	大学本科及以上	总体
1	抗生素问题	37.3	41.6	47.2	51.1	42.2	50.0	46.5
2	接种疫苗问题	35.6	42.4	49.2	51.3	40.6	55.1	47.5
3	放射性问题	39.0	48.1	60.7	65.5	70.1	74.6	61.3
4	乙肝病毒问题	59.3	58.0	67.3	75.4	71.1	73.7	68.5
5	电脑算命问题	59.4	62.1	69.1	74.0	78.0	78.0	70.7
6	辐射有害问题	10.2	21.4	26.2	26.5	21.4	16.9	23.5

（2）舟山市不同文化程度公民对预测人生命运的各种迷信的认知程度

表 2-45 显示，舟山市不同文化程度公民对预测人生命运的各种迷信做法的正确认识有明显差异。随着文化程度的提高，对于正确认识采用求签、相面、星座预测和周公解梦、电脑算命等预测人生命运方法，正确认知率相应会有所提高。总体看，不同文化程度的公民对求签的正确认识率都不高，对用电脑算命、周公解梦的正确认识率基本过半。

表 2-45 　舟山市不同文化程度公民对各种迷信的正确认知程度　　单位（%）

迷信做法	求签	相面	星座预测	周公解梦	电脑算命	反对各种迷信
不识字或识字很少	32.2	42.4	56.0	71.2	59.4	18.6
小学	37.1	44.0	66.2	67.1	62.1	19.8
初中	47.2	52.0	70.4	70.4	69.1	27.8
高中（中专、技校）	53.7	60.7	71.9	71.6	74.0	36.6
大学专科	41.9	56.6	68.9	73.8	78.0	40.1

（续）

迷信做法	求签	相面	星座预测	周公解梦	电脑算命	反对各种迷信
大学本科及以上	62.7	69.5	72.0	68.8	78.0	52.5
总体	48.5	54.5	69.6	71.4	70.7	31.8

6. 舟山市不同文化程度公民对各种治疗和处理健康方面的认知程度

舟山市文化程度的不同对各种治疗和处理健康方面的认知程度存在差异，由表2-46调查数据得知，不识字或识字很少层次文化程度的59人中有10人没有健康问题，占其中16.9%；小学层次文化程度243人中有21人没有健康问题，占12.8%；初中层次文化程度504人中有59人没有健康问题，占11.8%；高中（中专、技校）层次文化程度374人中有33人没有健康问题，占8.9%；大学专科层次文化程度187人中有25人没有健康问题，占13.5%；大学本科及以上层次文化程度118人中有10人没有健康问题，占8.5%。其他人群按多重响应无排序统计选项值为2～9的情况如表2-46：

表2-46　舟山市不同文化程度对各种治疗和处理健康方面问题的认知程度　单位（%）

响　　应		不识字或识字很少	小学	初中	高中（中专、技校）	大学专科	大学本科及以上
处理健康方式	1.没有健康问题	16.9	12.8	11.8	8.9	13.5	8.5
	2.自己找药吃	37.3	52.1	53.7	49.7	57.3	61.0
	3.自己治疗处理	6.8	2.9	5.6	6.2	5.4	4.2
	4.祈求神灵保佑	6.8	5.4	1.4	1.3	1.1	0.0
	5.心理咨询与心理治疗	1.7	2.1	2.2	1.6	4.9	1.7
	6.看医生（西医）	22.0	19.0	20.6	28.2	15.1	22.0
	7.看医生（中医）	8.5	5.8	4.4	3.8	2.7	2.5
	8.什么方法都没用过	0.0	0.0	0.4	0.3	0.0	0.0
	9.其他（记录）	0.0	0.0	0.0	0.0	0.0	0.0

由表2-46的统计数据显示，对"自己找药吃"、"看医生（西医）"、"看医生（中医）"的选择与文化程度的差异不显著；对"祈求神灵保佑"的选择，随文化程度愈低的公民，选择的比例愈多；对选择"心理咨询与心理治疗"和选择"自己治疗处理"，随文化程度愈高的公民，选择的比例愈多；但同时还显示，大学本科及以上的公民对"心理咨询与心理治疗"选择的比例是最低。

从表2-47数据显示，不同文化程度公民对科学与社会的关系的了解水平与受教育程度呈现出明显的正相关趋势。

表2-47　舟山市不同文化程度公民对科学与社会的关系的认知程度　　单位（%）

正确理解达到要求	不识字或识字很少	小学	初中	高中（中专、技校）	大学专科	大学本科及以上	总体
科学技术对社会的影响	33.90	37.04	43.25	49.47	53.48	63.56	46.30

（五）舟山市不同职业公民基本科学素质水平分析

1. 舟山市不同职业公民对基本科学知识的认知程度

从对基本科学观点了解水平的调查结果来看（见表 2-48），不同职业公民了解基本科学观点的比例具有较大的差异。不同职业群体了解基本科学观点的差异程度的总趋势与了解基本科学术语的情况非常相似，学生及待升学人员和国家机关、党群组织负责人的了解程度最高，家务劳动者对个别的较难的测试题的正确回答的比例最低。

表 2-48　舟山市不同职业公民对 18 个基本科学观点的认知程度　　　　单位（%）

序	党政负责人	企事业负责人	专业技术人员	办事和有关人员	农林牧渔劳动者	商业及服务业人员	生产运输操作人员	学生及待升学人员	失业及下岗人员	离退休人员	家务劳动者	其他
1	100.0	90.7	83.2	80.6	82.1	86.5	82.7	85.7	85.7	79.6	73.1	78.4
2	86.2	67.4	72.6	76.1	73.2	75.2	64.4	81.0	78.6	80.9	74.1	75.7
3	86.2	65.1	69.0	79.4	68.8	64.4	59.6	76.2	78.6	75.9	71.2	73.0
4	58.6	46.5	43.4	41.3	50.0	45.9	40.4	33.3	45.2	54.9	48.7	44.6
5	82.8	86.0	59.3	73.3	65.2	68.9	67.3	61.9	71.4	66.7	58.2	64.9
6	65.5	39.5	46.9	43.7	45.5	48.2	39.4	33.3	54.8	54.3	43.0	50.0
7	75.9	46.5	47.8	51.4	54.5	50.9	43.3	52.4	57.1	63.0	46.2	58.1
8	79.3	55.8	54.9	65.6	60.7	56.8	53.8	76.2	76.2	67.9	60.1	55.4
9	93.1	88.4	70.8	80.6	75.9	76.1	71.2	100.0	71.4	79.6	68.0	79.7
10	93.1	93.0	84.1	85.0	78.6	86.9	79.8	95.2	83.3	81.5	71.2	81.1
11	75.9	72.1	73.5	75.7	70.5	66.7	69.2	71.4	69.0	68.5	60.1	67.6
12	72.4	72.1	55.8	51.8	53.6	56.8	51.0	71.4	57.1	59.9	48.1	51.4
13	62.1	79.1	58.4	62.3	52.7	56.8	43.3	61.9	66.7	64.2	50.6	56.8
14	89.7	86.0	73.5	78.1	63.4	68.0	70.2	90.5	61.9	75.9	60.4	73.0
15	93.1	60.5	61.9	70.9	57.1	63.5	52.9	85.7	78.6	66.0	53.2	71.6
16	69.0	46.5	30.1	34.0	41.1	36.0	40.4	28.6	35.7	36.4	32.0	31.1
17	75.9	34.9	39.8	39.9	42.0	50.5	41.3	66.7	50.0	43.2	37.7	29.7
18	69.0	65.1	59.3	57.5	61.6	70.7	50.0	76.2	59.5	64.2	49.7	45.9

注：序 1～9 为 c_1 的选项内容依次是：地心的温度非常高；我们呼吸的氧气来源于植物；母亲的基因决定孩子的性别；抗生素能够杀死病毒；数百万年来，我们生活的大陆在缓慢漂移，并继续漂移；接种疫苗可以治疗多种传染病；最早期的人类与恐龙生活在同一个年代；含有放射性物质的牛奶经过煮沸后对人体无害；光速比声速快。序 10～18 为 c_2 的选项内容依次是：地球的板块运动会造成地震；乙肝病毒不会通过空气传播；植物开什么颜色的花是由基因决定的；声音只能在空气中传播；就目前所知，人类是从较早期的动物进化而来；所有的放射性现象都是人为造成的；激光是由汇聚声波而产生的；电子比原子小；地球围绕太阳转一圈的时间是一天。

2. 舟山市不同职业公民对基本科学术语的认知程度

表 2-49、图 2-16 显示，舟山市不同职业公民对 4 个基本科学术语的认知程度。各类职业公民对因特网和分子、DNA 的了解程度，大部分职业群体都超出了 50%，而对辐射的了解程度相对较低，近一半群体的正确认知率在 50% 以下，其共同之处在于各职业对这个科学术语的了解程度较陌生；而对 DNA（脱氧核糖核酸）、分子、因特网这 3 个科学术语，学生及待升学人员和国家机关、党群组织负责人和专业技术人员、办事和有关人员的群体相对了解程度要大大高出其他职业公民，例如学生及待升学人员对因特网的了解程度最高（81.9%）；国家机关、党群组织负责人对因特网的了解程度（68.6%）；企事业负责人（68.8%）；专业技术人员与办事和有关人员的群体（74.6%）就比生产运输操作人员（33.7%）、失业及下岗人员（26.2%）和家务劳动者（33.9%）高。

表 2-49　舟山市不同职业公民 4 个基本科学术语的认知程度　　单位（%）

序	不同职业	分子	DNA	因特网	辐射	科学术语正确理解率
1	党政负责人	58.6	34.5	58.6	51.7	44.8
2	企事业负责人	20.9	32.6	48.8	30.2	14.0
3	专业技术人员	32.7	38.1	41.6	23.0	16.8
4	办事和有关人员	31.2	34.4	50.6	23.9	17.4
5	农林牧渔劳动者	37.5	31.3	42.0	25.9	21.4
6	商业及服务业人员	27.9	35.6	50.5	21.2	14.0
7	生产运输操作人员	35.6	35.6	41.3	25.0	16.3
8	学生及待升学人员	52.4	23.8	61.9	19.0	14.3
9	失业及下岗人员	21.4	31.0	52.4	9.5	14.3
10	离退休人员	25.3	38.3	49.4	25.3	16.7
11	家务劳动者	25.0	32.9	33.2	27.5	14.9
12	其他	29.7	33.8	54.1	18.9	14.9

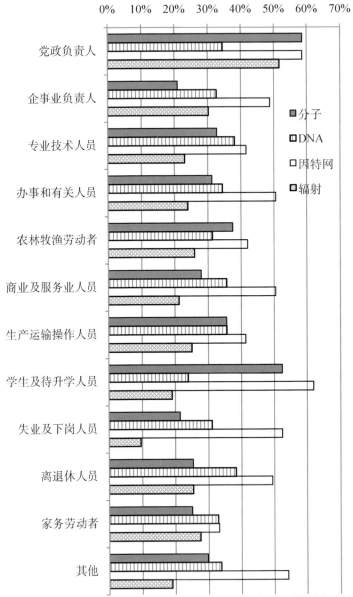

图 2-16　舟山市不同职业公民正确理解 4 个基本科学术语的认知程度

　　表 2-50 显示，舟山市不同职业公民了解基本科学技术观点的水平，我们考察 18 个测试题的正确理解率。职业的公民了解基本科学知识的程度，党政负责人、专业技术人员的了解程度最高，分别为 61.4%和 60.6%，家务劳动者最低，为 35.3%。经检验，不同职业公民对基本科学知识的了解具有显著的差异。

表 2-50   舟山市不同职业公民对基本科学技术知识的认知程度   单位（%）

正确理解达到要求	党政负责人	企事业负责人	专业技术人员	办事和有关人员	农林牧渔劳动者	商业及服务业人员	生产运输操作人员	学生及待升学人员	失业及下岗人员	离退休人员	家务劳动者	其他
基本科学技术知识	44.8	11.6	11.5	13.4	17.9	9.9	10.6	9.5	9.5	13.0	12.7	12.2

表 2-51 调查样本的统计数据结果，即不同职业公民对于 C1 问题 9 个测试题目能够正确回答其中 6 个及以上问题的比率，对于 C2 问题 9 个测试题目能够正确回答其中 6 个及以上问题的比率，同时对 18 个基本科学观点能够正确回答其中 12 个及以上问题的比率和同时对 4 个科学术语能够正确理解的比率。党政负责人和学生及待升学人员认知率较高，生产运输操作人员认知率较低。

表 2-51   舟山市不同文化程度公民对于基本科学技术观点认知程度   单位（%）

序	正确理解率	C1 中正确回答 6 个及以上	C2 中正确回答 6 个及以上	18 个观点中正确回答 12 个及以上	对 4 个科学术语达标	基本科学知识
1	党政负责人	79.3	79.3	79.3	44.8	44.8
2	企事业负责人	62.8	60.5	55.8	14.0	11.6
3	专业技术人员	51.3	47.8	43.4	16.8	11.5
4	办事和有关人员	68.0	51.0	51.8	17.4	13.4
5	农林牧渔劳动者	53.6	46.4	45.5	21.4	17.9
6	商业及服务业人员	55.9	54.5	48.2	14.0	9.9
7	生产运输操作人员	43.3	43.3	37.5	16.3	10.6
8	学生及待升学人员	81.0	76.2	66.7	14.3	9.5
9	失业及下岗人员	66.7	59.5	57.1	14.3	9.5
10	离退休人员	66.7	48.8	49.4	16.7	13.0
11	家务劳动者	51.3	34.8	38.0	14.9	12.7
12	其他	59.5	41.9	45.9	14.9	12.2
总体		58.2	47.7	46.7	16.7	13.1

3. 舟山市不同职业公民对基本科学方法的了解程度

从舟山市不同职业公民正确回答对科学研究的基本方法的了解程度的 3 道测试题的情况（表 2-52）可知，学生及待升学人员，国家机关、党群组织负责人，企事业单位负责人了解各测试题的比例位列前三，综合这三道测试题的统计，正确理解达到要求的比例分别是，71.4%、69.0% 和 46.5%。公民了解基本科学方法水平的结果显示（见图 2-17）出了一种意外结果：国家机关、党群组织负责人（10.3%）对"科学家测试新药疗效"的正确理解率（10.3%）。由表 2-53 的数据显示，国家机关、党群组织负责人、学生及待升学人员和企事业单位负责人对"生育孩子患遗传病的概率"的正确理解率分别是 93.1%、90.5% 和 86.0%，均高于其他职业群体。在显著性水平为 0.05 的检验下，这种差异是显著的。

表 2-52　舟山市不同职业公民对科学研究的基本方法和过程的认知程度　单位（%）

正确理解达到要求	党政负责人	企事业负责人	专业技术人员	办事和有关人员	农林牧渔劳动者	商业及服务业人员
科学研究的方法和过程	69.0	46.5	33.6	36.8	36.6	41.0
正确理解达到要求	生产运输操作人员	学生及待升学人员	失业及下岗人员	离退休人员	家务劳动者	其他
科学研究的方法和过程	29.8	71.4	35.7	33.3	29.7	39.2

表 2-53　舟山市不同职业公民对科学研究的基本方法和过程的认知程度　单位（%）

序	不同职业	C7.对"科学地研究事物"的理解	C8.对"科学家测试新药疗效"的理解	C9.对"生育孩子患遗传病的概率"的理解	科学研究的基本方法和过程正确理解率
1	党政负责人	75.9	10.3	93.1	69.0
2	企事业负责人	55.8	37.2	86.0	46.5
3	专业技术人员	53.1	33.6	69.0	33.6
4	办事和有关人员	47.4	34.8	76.1	36.8
5	农林牧渔劳动者	47.3	33.0	67.0	36.6
6	商业及服务业人员	51.4	36.9	74.3	41.0
7	生产运输操作人员	46.2	38.5	66.3	29.8
8	学生及待升学人员	81.0	38.1	90.5	71.4
9	失业及下岗人员	52.4	31.0	69.0	35.7
10	离退休人员	46.0	36.6	73.9	33.3
11	家务劳动者	43.0	26.3	63.3	29.7
12	其他	50.0	32.4	67.6	39.2
总体		48.8	32.9	71.1	36.3

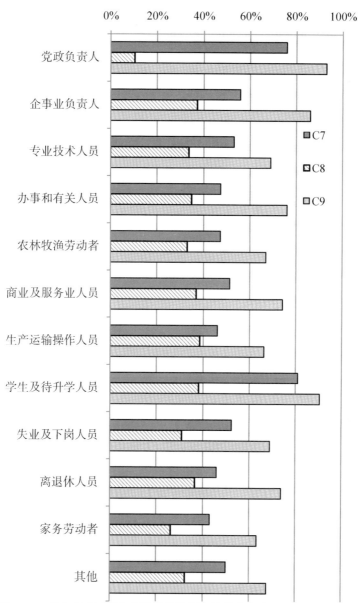

图 2-17 舟山市不同职业公民对科学研究的基本方法和过程的认知程度

4. 舟山市不同职业对各种治疗和处理健康方面的认知程度

C11 的设问项目，表 2-54 调查统计数据得知，不同职业对各种治疗和处理健康方面处理方式的差异情况是，职业 1（党政负责人）29 人中有 5 人没有健康问题，占其中 17.9%；职业 2（企事业负责人）43 人中有 2 人没有健康问题，占 4.7%；职业 3（专业技术人员）113 人中有 6 人没有健康问题，占 5.4%；职业 4（办事和有关人员）247 人中有 29 人没有健康问题，占 11.8%；职业 5（农林牧渔劳动者）112 人中有 14

人没有健康问题，占 12.6%；职业 6（商业及服务业人员）222 人中有 22 人没有健康问题，占 9.9%；职业 7（生产运输操作人员）104 人中有 16 人没有健康问题，占 15.4%；职业 8（学生及待升学人员）21 人中有 3 人没有健康问题，占 14.3%；职业 9（失业及下岗人员）42 人中有 7 人没有健康问题，占 16.7%；职业 10（离退休人员）162 人中有 9 人没有健康问题，占 5.6%；职业 11（家务劳动者）316 人中有 45 人没有健康问题，占 14.3%；职业 12（其他）74 人中有 10 人没有健康问题，占 13.5%。其他人群按多重响应无排序统计选项值为 2～9 的情况如表 2-54。

表 2-54　舟山市不同职业公民对各种治疗和处理健康问题的认知程度　单位（%）

响　应		党政负责人	企事业负责人	专业技术人员	办事和有关人员	农林牧渔劳动者	商业及服务业人员
处理健康方式	1.没有健康问题	17.9	4.7	5.4	11.8	12.6	9.9
	2.自己找药吃	32.1	67.4	62.2	59.2	51.4	53.6
	3.自己治疗处理	3.6	4.7	8.1	4.9	7.2	5.0
	4.祈求神灵保佑	3.6	0.0	0.9	0.8	3.6	2.7
	5.心理咨询与心理治疗	3.6	7.0	0.9	2.4	0.0	1.4
	6.看医生（西医）	35.7	16.3	18.0	20.0	18.0	21.6
	7.看医生（中医）	3.6	0.0	4.5	0.8	7.2	5.4
	8.什么方法都没用过	0.0	0.0	0	0.0	0	0.5
	9.其他（记录）	0.0	0.0	0.0	0.0	0.0	0.0

响　应		生产运输操作人员	学生及待升学人员	失业及下岗人员	离退休人员	家务劳动者	其他
处理健康方式	1.没有健康问题	15.4	14.3	16.7	5.6	14.3	13.5
	2.自己找药吃	51.0	61.8	50.0	51.6	47.3	44.6
	3.自己治疗处理	3.8	0.0	7.1	6.2	4.8	2.7
	4.祈求神灵保佑	1.0	0.0	0.0	2.5	2.9	4.1
	5.心理咨询与心理治疗	2.9	0.0	4.8	3.7	1.3	6.8
	6.看医生（西医）	22.1	23.8	19.0	24.2	24.4	20.3
	7.看医生（中医）	2.9	0.0	0.0	6.2	5.1	8.1
	8.什么方法都没用过	1.0	0.0	2.4	0.0	0.0	0.0
	9.其他（记录）	0	0.0	0	0.0	0	0.0

5. 舟山市不同职业公民对科学与社会关系的认知程度

舟山市不同职业公民对科学与社会之间关系的正确了解达到要求的状况列于表

2–55 所示，学生及待升学人员最高，比例为 52.46%，其次，党政负责人、专业技术人员比例分别为 69.0%、57.5%，总体比例为 46.3 %。经检验，在显著性水平为 0.05 的情况下，不同职业公民了解科学和社会之间的关系呈现差异极显著。

表 2-55　舟山市不同职业公民对科学与社会的关系的认知程度　　　单位（%）

正确理解达到要求	党政负责人	企事业负责人	专业技术人员	办事和有关人员	农林牧渔劳动者	商业及服务业人员
科学与社会的关系	69.0	58.1	57.5	51.8	46.4	41.4

正确理解达到要求	生产运输操作人员	学生及待升学人员	失业及下岗人员	离退休人员	家务劳动者	其他
科学与社会的关系	49.0	71.4	40.5	42.0	38.0	47.3

（六）舟山市重点关注群体基本科学素质水平的分析

随着社会进步、经济发展、对教育重视程度不断加强，具备高能力高素质的个人正在不断创造更多的社会财富并受到社会的青睐。那么，重点关注群体的公民的素质又是如何？本次调查把重点关注的 4 个群体人群的回答调查问卷的信息进行分类统计，统计数据（表 2-56）显示：领导干部和公务员群体的基本科学素质最高，达到 18.72%；其次，其他群体是 12.17%，城镇劳动者群体是 4.66%，农民群体公民的基本科学素质水平最低，仅有 4.19%。经检验，在 0.05 的显著性水平下，不同重点关注群体的基本科学素质呈现显著地差异。

1. 舟山市重点关注群体对基本科学观点的认知程度

舟山市重点关注群体对基本科学观点的认知程度，从表 2-56、图 2-18 中的数据可以看出，不同重点关注群体对各个基本科学观点的了解程度也是各不相同，总体来说，不同重点关注群体对各个问题的回答与总体趋势相似：都是对简单的、浅显的问题答对的水平较高，而对相应复杂、前沿、需要阅读大量书籍才能了解的问题回答正确的水平相对较低。领导干部和公务员和其他的公民对各个基本观点的了解程度会高一点。但是，由于领导干部、公务员和其他的被调查公民的比例很小，在显著性水平为 0.05 的情况下，四个群体了解各测试题的水平差异是不显著的。

表 2-56　舟山市不同群体公民对 18 个基本科学观点的认知程度　　　单位（%）

序	选　　项	领导干部和公务员	城镇劳动者	农民	其他	总体
1	地心的温度非常高	88.7	81.7	79.6	84.1	81.0
2	我们呼吸的氧气来源于植物	75.8	77.6	72.7	68.2	74.8
3	母亲的基因决定孩子的性别	90.3	78.4	63.0	84.1	71.4
4	抗生素能够杀死病毒	66.1	48.0	42.8	56.8	46.5

（续）

序	选　　项	领导干部和公务员	城镇劳动者	农民	其他	总体
5	数百年来，我们生活的大陆在缓慢漂移，并继续漂移	87.1	72.5	58.5	86.4	66.5
6	接种疫苗可以治疗多种传染病	62.9	52.0	42.0	52.3	47.5
7	最早期的人类与恐龙生活在同一个年代	67.7	56.8	45.0	68.2	51.7
8	含有放射性物质的牛奶经过煮沸后对人体无害	82.3	69.0	51.6	81.8	61.3
9	光速比声速快	88.7	79.5	70.9	86.4	75.8
10	地球的板块运动会造成地震	95.2	84.0	77.4	88.6	81.4
11	乙肝病毒不会通过空气传播	67.7	69.0	68.1	68.2	68.5
12	植物开什么颜色的花是由基因决定的	66.1	55.1	53.0	52.3	54.4
13	声音只能在空气中传播	58.1	62.6	51.5	72.7	57.2
14	就目前所知，人类是从较早期的动物进化而来	93.5	71.2	67.2	84.1	70.5
15	所有的放射性现象都是人为造成的	85.5	69.5	55.1	86.4	63.5
16	激光是由汇聚声波而产生的	50.0	34.6	35.4	36.4	35.7
17	电子比原子小	58.1	45.9	38.1	36.4	42.3
18	地球围绕太阳转一圈的时间是一天	75.8	65.3	52.0	50.0	58.7

2. 舟山市重点关注群体对基本科学术语的认知程度

从表 2-57 的数据可以看到，不同重点关注群体了解 DNA（脱氧核糖核酸）、分子、纳米、因特网、辐射这 4 个科学术语的程度是不同的。领导干部和公务员层次的公民对这 4 个科学术语的了解程度均较高，都在 50% 以上；同时除了"辐射"这个概念之外，容易看出领导干部和公务员的群体公民对这 4 个基本科学术语的了解程度要远高于其他群体的公民，公民对基本科学术语的了解程度和群体类别呈明显的差异关系。

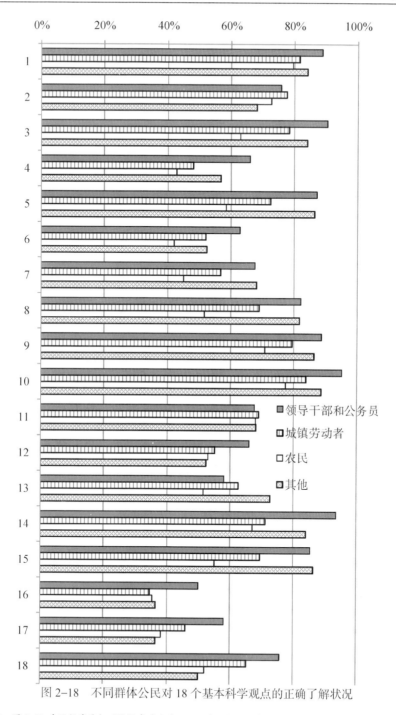

图 2-18　不同群体公民对 18 个基本科学观点的正确了解状况

备注：图 2-18 中纵轴序号与测试题序对应为：1～9（c1 题 1～9）；10～18（c2 题 1～9）。

表 2-57　舟山市不同群体公民对 4 个基本科学术语的认知程度　　单位（%）

序	科学术语正确理解率	分子	DNA	因特网	辐射	4 个基本科学术语
1	领导干部和公务员	43.5	35.5	54.8	40.3	32.26
2	城镇劳动人口	29.0	32.9	47.3	28.3	16.75
3	农民	29.1	36.1	43.1	19.5	14.46
4	其他	36.4	29.5	38.6	34.1	29.55

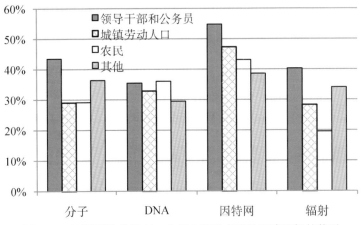

图 2-19　不同群体公民对 4 个基本科学术语的正确理解的状况

表 2-58　舟山市不同群体公民对基本科学技术术语的认知程度　　单位（%）

正确理解达到要求	领导干部和公务员	城镇劳动者	农民	其他	总体
了解基本科学术语	32.26	16.75	14.46	29.55	16.69

3. 舟山市不同群体公民对于基本科学技术观点的认知程度

表 2-59 调查样本的统计数据显示舟山市不同群体公民对于基本科学技术观点的认知程度，即重点关注不同群体公民对于 C1 问题 9 个测试题目能够正确回答其中 6 个及以上问题的，其他公民和领导干部和公务员认知率较高，分别为 84.1% 和 80.4%，农民最低，为 47.4%；对于 C2 问题 9 个测试题目能够正确回答其中 6 个及以上问题的，领导干部和公务员认知率较高，为 69.4%，农民最低，为 41.8%；同时对 18 个基本科学观点能够正确回答其中 12 个及以上问题的，领导干部和公务员认知率较高，为 74.2%，农民最低，为 37.6%；同时对 4 个科学术语能够正确回答的，对基本科学技术知识的正确认知程度，领导干部和公务员和其他公民认知率较高，分别为 32.3% 和 29.6%，农民最低，为 14.5%。

4. 舟山市重点关注群体对基本科学方法的认知程度

表 2-60、图 2-20 显示，舟山市不同重点关注群体对科学研究方法与过程的认知程度，领导干部和公务员的公民认知程度最高，为 64.5%；农民人群的公民认知程度

最低，为 33.1%，不同群体的公民认知程度呈现显著的差异。

表 2-59　舟山市不同群体公民对于基本科学技术观点的认知程度　　单位（%）

正确理解率	C1 中正确回答 6 个及以上	C2 中正确回答 6 个及以上	18 个观点中正确回答 12 个及以上	对 4 个科学术语	基本科学知识
领导干部和公务员	80.4	69.4	74.19	32.26	30.65
城镇劳动者	66.7	51.8	53.21	16.75	12.21
农民	47.4	41.8	37.57	14.46	11.62
其他	84.1	56.8	65.91	29.55	22.73
总体	58.2	47.7	46.70	16.69	13.06

表 2-60　舟山市不同重点关注群体对科学研究的基本方法的认知程度　　单位（%）

科学方法正确了解	C7.对"科学地研究事物"的理解	C8.对"科学家测试新药疗效"的理解	C9.对"生育孩子患遗传病的概率"的理解	科学研究方法和过程
领导干部和公务员	69.4	25.8	87.1	64.52
城镇劳动者	48.6	35.4	75.9	36.68
农民	46.8	31.9	65.5	33.11
其他	56.8	25.0	75.0	45.46

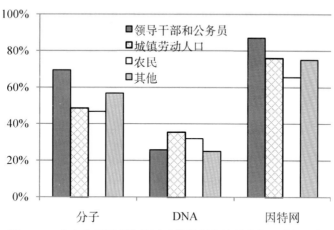

图 2-20　舟山市不同群体公民对科学研究的基本方法认知程度

表 2-61 综合不同重点关注群体对科学研究的基本方法三个测试题的正确理解达到要求统计结果，不同重点关注群体了解基本科学方法的水平如图 2-20 所示：领导干部和公务员公民认识水平最高，为 64.5%；农民的最低，为 33.1%。经检验，在 0.05 的显著性水平下，不同重点关注群体了解基本科学方法程度的差异是显著的。

表 2-61　舟山市不同群体公民对科学研究方法和过程的认知程度　　单位（%）

正确理解达到要求	领导干部和公务员	城镇劳动者	农民	其他	总体
了解科学研究方法和过程	64.52	36.68	33.11	45.46	36.30

5. 舟山市重点关注群体对科学与社会关系的认知程度

表 2-62 表示 C11 的设问项目，不同职业对各种治疗和健康方面的处理方式的差异情况。由调查数据得知，领导干部和公务员群体，有 62 人，其中有 9 人没有健康问题，占 14.8%；城镇劳动者群体有 396 人，其中有 59 人没有健康问题，占 9.2%；农民群体有 740 人，其中有 93 人没有健康问题，占 12.7%；其他群体 44 人中有 7 人没有健康问题，占 15.9%。其他人群按多重响应无排序统计选项值为 2～9 的情况如下：

表 2-62　舟山市不同群体对各种治疗和处理健康问题的认知程度　　单位（%）

	响应	领导干部和公务员	城镇劳动者	农民	其他
处理健康方式	1.没有健康问题	14.8	9.2	12.7	15.9
	2.自己找药吃	37.7	56.7	50.6	54.5
	3.自己治疗处理	6.6	5.0	5.5	2.3
	4.祈求神灵保佑	0.0	1.1	3.1	2.3
	5.心理咨询与心理治疗	3.3	2.3	2.2	2.3
	6.看医生（西医）	34.4	21.4	21.0	20.5
	7.看医生（中医）	3.3	3.9	4.8	2.3
	8.什么方法都没用过	0.0	0.3	0.1	0.0
	9.其他（记录）	0.0	0.0	0.0	0.0

由表 2-63 数据显示，舟山市不同群体中的领导干部和公务员对科学与社会关系的认知程度最高，比例为 66.13%；其他人员公民比例为 61.36%；城镇劳动者最低，比例是 44.60%。

表 2-63　舟山市不同群体对科学与社会关系的认知程度　　单位（%）

正确理解达到要求	领导干部和公务员	城镇劳动者	农民	其他
科学与社会关系了解程度	66.13	44.60	45.27	61.36

三、舟山市公民基本科学素质的水平分析

表 2-64 至表 2-70 显示，调查得到的舟山市公民科学素质的统计情况，调查从三个维度"达标"或"不达标"的视角分析公民基本科学素质的达到程度和水平。为科

学准确地了解公民科学素质水平，我们从公民科学素质的四部分测试题、获取科技信息的渠道和公民对科技的态度的整体信息的多视角进行综合统计分析。

　　舟山市公民科学素质的统计中，取在调查样本中群体具备某一特征公民的比率与被统计的该群体在调查样本中所占的比例的比，作为"具备基本科学素质的公民的水平系数"。[7]用于对调查样本的某一分类群体的公民进行测度具备基本科学素质特征，以此值对统计得到的结果进行表征，这个水平系数是一个比值。水平系数愈大，说明固定群体具备基本科学素质的水平和对应的总体水平的差异愈大。以此，从这个侧面表征调查样本中某一分类群体具备基本科学素质的公民的特征。从城乡、性别、年龄、文化程度、重点关注群体及调查各区县的各方面分类统计本次调查样本中具备基本科学素质公民的特征。

1. 舟山市公民基本科学素质的水平

　　由表 2-64，图 2-21，舟山市具备基本科学素质的公民对 18 个科学基本观点的测试题的正确理解达标率为 46.70%；对 4 个科学术语的正确理解率为 16.69%；对科学基本观点和科学术语正确理解达标率为 13.06%；对科学研究基本方法和过程的正确理解率为 36.30%；对科学技术和社会的关系正确理解率为 46.30%。舟山市公民具备基本科学素质水平为 5.23%。

表 2-64　舟山市公民具备基本科学素质的水平　　　　　　　单位（%）

序	特　　　征	值
1	18 个科学基本观点的测试题的正确理解达标率	46.70
2	国际 9 个通用题 6 个科学基本观点的正确理解率	11.98
3	国际 9 个通用题的 5 个科学基本观点的正确理解率	28.73
4	4 个科学术语的正确理解率	16.69
5	科学基本观点和科学术语正确理解达标率（第一维）	13.06
6	科学研究基本方法和过程的正确理解率（第二维）	36.30
7	科学技术和社会的关系正确理解率（第三维）	46.30
8	三个维度中只有某一维达标的特征的群体比率	38.59
9	三个维度中同时有某二维达标的特征的群体比率	19.73
10	三个维度中同时达标的特征的群体比率	5.23
11	三个维度均未达标的特征的群体比率	35.82

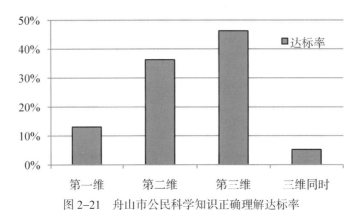

图 2-21　舟山市公民科学知识正确理解达标率

2. 舟山市公民基本科学素质水平的城乡差异明显

表 2-65，图 2-22 显示：舟山市公民基本科学素质的城乡特征差异明显。在公民科学素质测试的 12 个体系中，城市公民的科学素质水平明显高于乡村公民水平，其水平值差距在 1.1～19.5 之间，三个维度均未达标的达标值，城市公民为 31.57%，乡村公民 40.45%，其水平值差距是 8.88；城市公民基本科学素质水平系数为 12.67，乡村公民基本科学素质水平系数为 8.81。舟山市城乡具备基本科学素质的公民比例，分别是城镇为 5.70%，乡村为 4.84%。

表 2-65　舟山市城乡公民对科学素质水平　　　　　　　　　单位（%）

序	特　　征	值	
		城镇	乡村
	调查样本比例	45.02	54.98
1	18 个科学基本观点的测试题的正确理解达标率	57.40	37.94
2	国际 9 个通用题的 6 个（科学基本观点）能够正确了解达标	12.11	11.87
3	国际 9 个通用题的 5 个科学基本观点的正确理解率	33.03	25.21
4	4 个科学术语的正确理解率	16.29	17.01
5	科学基本观点和科学术语正确理解达标率（第一维）	13.00	13.10
6	科学研究基本方法和过程的正确理解率（第二维）	38.47	34.52
7	科学技术和社会的关系正确理解率（第三维）	48.88	44.19
8	三个维度中只有某一维达标的特征的群体比率	41.32	36.35
9	三个维度中同时有某二维达标的特征的群体比率	21.41	18.36
10	三个维度中同时达标的特征的群体比率	5.70	4.84
11	三个维度均未达标的特征的群体比率	31.57	40.45
12	具备基本科学素质的公民群体的水平系数	12.67	8.81

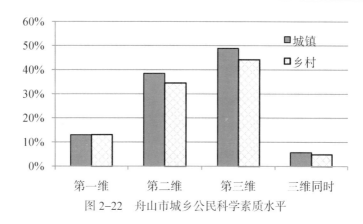

图 2-22　舟山市城乡公民科学素质水平

3. 舟山市公民基本科学素质水平男性公民高于女性公民

表 2-66，图 2-23 显示，在公民科学素质测试的 12 个体系中，男性公民的科学素质水平相对高于女性公民水平，18 个科学基本观点的测试题的正确理解达标率值，女性公民高于男性公民 7.69；三个维度中只有某一维度达标的特征群体比率值女性公民高于男性公民 2.94；其余基本科学素质水平值，男性公民相对高于女性公民，其水平值差距在 0.1 ~ 5.9 之间，三个维度均未达标的达标值，男性公民为 35.61，女性公民 37.10，其水平值差距是 1.49；男性公民基本科学素质水平系数为 12.10，女性公民基本科学素质水平系数为 9.21。基本科学素质水平系数差距是 2.89。男性公民具备基本科学素质水平为 5.28%；女性公民具备基本科学素质水平是 5.19%。

表 2-66　舟山市不同性别公民对科学知识的认知程度　　　单位（%）

序	特　征	值	
		男性	女性
	调查样本比例	43.67	56.33
1	18 个科学基本观点的测试题的正确理解达标率	42.37	50.06
2	国际 9 个通用题的 6 个（科学基本观点）能够正确了解达标	12.63	11.47
3	国际 9 个通用题的 5 个科学基本观点的正确理解率	28.81	28.67
4	4 个科学术语的正确理解率	15.41	17.68
5	科学基本观点和科学术语正确理解达标率（第一维）	11.40	14.34
6	科学研究基本方法和过程的正确理解率（第二维）	35.96	36.56
7	科学技术和社会的关系正确理解率（第三维）	49.61	43.73
8	三个维度中只有某一维达标的特征的群体比率	38.43	38.71
9	三个维度中同时有某二维达标的特征的群体比率	20.68	19.00
10	三个维度中同时达标的特征的群体比率	5.28	5.19
11	三个维度均未达标的特征的群体比率	35.61	37.10
12	具备基本科学素质的公民群体的水平系数	12.10	9.21

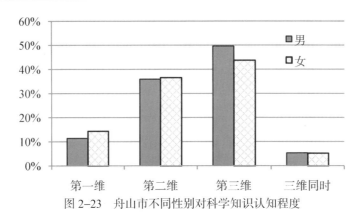

图 2-23　舟山市不同性别对科学知识认知程度

4. 舟山市不同年龄群体具备基本科学素质水平差距明显

表 2-67，图 2-24 显示，舟山市五组年龄段公民基本科学素质的水平程度。18～29 周岁群体在公民科学素质测试的 12 个体系中，基本高于其他测试群体，具备基本科学素质水平相对较高，三个维度均未达标率为 26.08%，具备基本科学素质的公民群体的水平系数为 53.68；三个维度均未达标率值 30～39 周岁、40～49 周岁、50～59 周岁和 60～69 周岁分别为 32.43%、33.28%、43.11% 和 47.26%；具备基本科学素质的公民群体的水平系数分别为 33.79、18.42、16.03 和 24.56。不同年龄的公民具备基本科学素质的水平依次为，18～29 周岁为 6.72%，30～39 周岁为 6.69%，40～49 周岁为 5.67%，50～59 周岁为 3.54%，60～69 周岁为 3.65%。

表 2-67　舟山市不同年龄公民对科学知识的认知程度　　　　　单位（%）

序	特　　征	值				
		18～29 周岁	30～39 周岁	40～49 周岁	50～59 周岁	60～69 周岁
	调查样本比例	12.52	19.79	30.75	22.07	14.87
1	18 个科学基本观点的测试题的正确理解达标率	62.37	46.26	48.14	42.38	37.56
2	国际 9 个通用题的 6 个（科学基本观点）能够正确了解达标	9.68	10.20	14.22	11.89	11.76
3	国际 9 个通用题的 5 个科学基本观点的正确理解率	35.48	25.85	31.95	25.30	25.34
4	4 个科学术语的正确理解率	18.28	17.01	18.16	13.72	16.29
5	科学基本观点和科学术语正确理解达标率（第一维）	13.98	12.24	14.22	11.28	13.57
6	科学研究基本方法和过程的正确理解率（第二维）	52.69	37.07	37.64	31.40	25.91
7	科学技术和社会的关系正确理解率（第三维）	54.30	53.40	48.58	38.11	37.56

（续）

序	特　征	值				
		18～29 周岁	30～39 周岁	40～49 周岁	50～59 周岁	60～69 周岁
8	三个维度中只有某一维达标的特征的群体比率	36.02	41.50	40.70	37.80	33.64
9	三个维度中同时有某二维达标的特征的群体比率	31.18	19.39	20.35	15.55	15.45
10	三个维度中同时达标的特征的群体比率	6.72	6.69	5.67	3.54	3.65
11	三个维度均未达标的特征的群体比率	26.08	32.43	33.28	43.11	47.26
12	具备基本科学素质的公民群体的水平系数	53.68	33.79	18.42	16.03	24.56

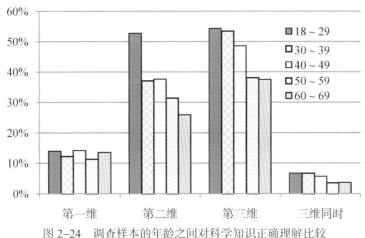

图 2-24　调查样本的年龄之间对科学知识正确理解比较

5. 舟山市不同文化程度具备基本科学素质水平差距明显

表 2-68，图 2-25 显示，舟山市不同文化程度公民具备基本科学素质的水平程度有明显差异。在公民科学素质测试的 12 个体系中，大学本科及以上公民基本具备基本科学素质水平明显高于其他测试群体，三个维度均未达标率为 16.44，具备基本科学素质的公民群体的水平系数为 123.85；不识字、小学、初中、高中和大学专科群体公民，三个维度均未达标率分别为 56.31、49.65、39.25、25.50 和 26.36，具备基本科学素质的公民群体的水平系数分别为 75.76、13.47、16.74、20.86 和 45.53。不同文化程度公民具备基本科学素质的比例依次为，不识字或识字很少为 3.01%，小学为 2.20%，初中为 5.68%，高中为 5.25%，大学专科为 5.73%，大学本科及以上为 9.84%。

表 2-68　舟山市不同文化程度公民对科学知识的正确认知的特征

序	特　征	值					
		不识字	小学	初中	高中	大学专科	大学本科及以上
	调查样本比例	3.97	16.36	33.92	25.17	12.58	7.94
1	18 个科学基本观点的测试题的正确理解达标率	15.25	31.28	43.45	54.55	52.41	73.73
2	国际 9 个通用题的 6 个(科学基本观点)能够正确了解达标	3.39	8.23	15.28	11.23	9.63	16.10
3	国际 9 个通用题的 5 个科学基本观点的正确理解率	11.86	20.16	29.76	29.95	33.69	38.14
4	4 个科学术语的正确理解率	3.39	11.11	17.86	16.04	21.93	22.88
5	科学基本观点和科学术语正确理解达标率(第一维)	3.39	8.23	13.69	13.10	15.51	20.34
6	科学研究基本方法和过程的正确理解率(第二维)	18.64	22.63	34.59	37.17	47.59	60.17
7	科学技术和社会的关系正确理解率(第三维)	33.90	37.04	43.25	49.47	53.48	63.56
8	三个维度中只有某一维达标的特征的群体比率	35.59	35.80	37.77	49.47	38.50	36.44
9	三个维度中同时有某二维达标的特征的群体比率	5.08	12.35	17.30	19.79	29.41	37.29
10	三个维度中同时达标的特征的群体比率	3.01	2.20	5.68	5.25	5.73	9.84
11	三个维度均未达标的特征的群体比率	56.31	49.65	39.25	25.50	26.36	16.44
12	具备基本科学素质的公民群体的水平系数	75.76	13.47	16.74	20.86	45.53	123.85

6. 舟山市重点关注群体具备基本科学素质水平差距明显

重点关注群体具备基本科学素质的水平程度有明显差异。在公民科学素质测试的 12 个体系中,领导干部和公务员群体,三个维度均未达标率为 13.54,具备基本科学素质的公民群体的水平系数为 448.66;城镇劳动者、农民、其他群体公民,三个维度均未达标率分别为 36.25、39.19 和 26.46,具备基本科学素质的公民群体的水平系数值分别为 10.84、8.41 和 411.11。表 2-69、图 2-26 显示,领导干部和公务员群体具备基本科学素质水平明显高于其他测试群体,具备基本科学素质的公民群体的水平系数值比城镇劳动者高、农民和其他公民群体分别高 437.82、440.25 和 37.55。重点关注群体公民具备基本科学素质的比例依次为,领导干部和公务员为 18.72%,城镇劳动者为 4.66%,农民为 4.19%,其他为 12.17%。

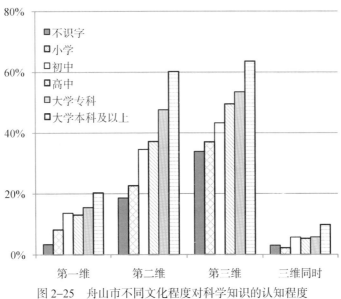

图 2-25　舟山市不同文化程度对科学知识的认知程度

表 2-69　舟山市重点关注群体公民的基本科学素质水平　　　　单位（%）

序	特　　征	值			
		领导干部和公务员	城镇劳动者	农民	其他
	调查样本比例	4.17	43.00	49.80	2.96
1	18 个科学基本观点的测试题的正确理解达标率	74.19	53.21	37.57	65.91
2	国际 9 个通用题的 6 个（科学基本观点）能够正确了解达标	24.19	12.21	11.08	6.82
3	国际 9 个通用题的 5 个科学基本观点的正确理解率	48.39	31.30	24.73	29.55
4	4 个科学术语的正确理解率	32.26	16.74	14.46	29.55
5	科学基本观点和科学术语正确理解达标率（第一维）	30.65	12.21	11.62	22.73
6	科学研究基本方法和过程的正确理解率（第二维）	64.52	36.68	33.11	45.45
7	科学技术和社会的关系正确理解率（第三维）	66.13	44.60	45.27	61.36
8	三个维度中只有某一维达标的特征的群体比率	37.10	38.87	38.65	34.09
9	三个维度中同时有某二维达标的特征的群体比率	30.65	20.22	17.97	27.27
10	三个维度中同时达标的特征的群体比率	18.72	4.66	4.19	12.17
11	三个维度均未达标的特征的群体比率	13.54	36.25	39.19	26.46
12	具备基本科学素质的公民群体的水平系数	448.66	10.84	8.41	411.11

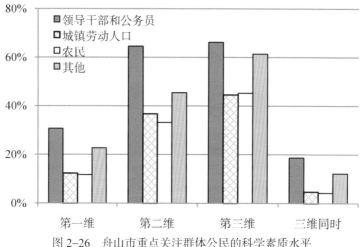

图 2-26 舟山市重点关注群体公民的科学素质水平

7. 舟山市各区县具备基本科学素质水平差距明显

表 2-70，图 2-27 显示，各区县在具备基本科学素质的水平差异很大。在公民科学素质水平测试的 12 个体系中，舟山市四个区县中，嵊泗县公民具备基本科学素质的水平最高，为 6.42%，第二是定海区，定海区公民具备基本科学素质的水平为 5.55%，第三是岱山县，岱山县公民具备基本科学素质的水平为 5.17%，第四是普陀区，普陀区公民具备基本科学素质的水平为 4.00%。由于此统计结果仅是随机抽样调查的样本统计，与实际的抽样总体会存在有一定的差异性，并且本此随机抽样的样本数据显示，嵊泗县的抽样样本只占舟山市抽样样本的 10.77%，不足以说明其中的差异性.经过采用统计的 Bootstrap 检验模拟，模拟检验的结果显示，舟山市四个区县的公民具备基本科学素质的水平差异不显著。

表 2-70   舟山市各区县公民基本科学素质水平   单位（%）

序	特　　　征	值			
		定海区	普陀区	岱山县	嵊泗县
	调查样本比例	49.80	22.41	17.03	10.77
1	18 个科学基本观点的测试题的正确理解达标率	40.27	33.93	58.50	84.38
2	国际 9 个通用题的 6 个（科学基本观点）能够正确了解达标	5.68	2.70	18.97	49.38
3	国际 9 个通用题的 5 个科学基本观点的正确理解率	22.70	13.81	40.32	69.38
4	4 个科学术语的正确理解率	11.22	7.21	24.51	49.38
5	科学基本观点和科学术语正确理解达标率（第一维）	12.865	8.109	16.996	17.998

（续）

序	特　　征	值			
		定海区	普陀区	岱山县	嵊泗县
6	科学研究基本方法和过程的正确理解率（第二维）	33.11	23.49	43.08	66.88
7	科学技术和社会的关系正确理解率（第三维）	43.38	42.04	48.22	65.63
8	三个维度中只有某一维达标的特征的群体比率	38.65	37.35	44.27	31.88
9	三个维度中同时有某二维达标的特征的群体比率	18.92	11.45	27.67	28.13
10	三个维度中同时达标的特征的群体比率	5.55	4.00	5.17	6.42
11	三个维度均未达标的特征的群体比率	36.88	47.21	22.89	33.58
12	具备基本科学素质的公民群体的水平系数	11.14	17.85	30.36	59.60

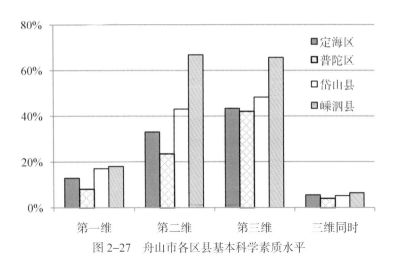

图 2-27　舟山市各区县基本科学素质水平

第三章 舟山市公民对科技发展信息的兴趣

摘 要

- ❖ 舟山市公民获取科技信息的主要渠道是电视、电影、报纸、因特网、与人交流和杂志、图书等。
- ◆ 通过电视、电影、与人交流获得的科学技术信息,乡村高于城市。
- ◆ 通过报纸、因特网获得的科学技术信息,城市高于乡村。
- ◆ 18~29周岁年龄段的公民,大学本科及以上文化程度的公民,获取科技信息主要渠道是因特网,分别占70.25%和71.5%。
- ◆ 农民获取科技信息主要渠道是电视电影,占73.15%。
- ◆ 舟山市不论是城市公民还是乡村公民参加科技周、科技节、科普日活动的响应指数较高。
- ◆ 舟山市公民对科学技术信息的兴趣较高,在11个选项中,非常感兴趣和感兴趣的占71%及以上的有8项。
- ◆ 舟山市男性公民更多关注的是经济学与社会发展,关心军事与国防的国内外大事。女性公民更多关注的是医疗与健康问题。

一、舟山市公民获取科技发展信息的渠道

(一)舟山市公民获取科技信息的主要渠道

除学校教育外,媒体是影响公民科学素质变化的主要渠道。获取科技发展信息的渠道主要有纸质媒体、影视媒体、声音媒体、电子媒体、人际交流五个方面。本次对舟山市公民进行抽样调查的样本信息数据中,对B3获取科技信息的主要渠道,10个测试题,表3-1显示:电视、电影和报纸、杂志、图书是舟山市公民获取科技信息的两个最主要渠道,公民通过电视、电影获得的科学技术信息占 70.10%,通过报纸占45%,通过因特网占 28.29%,与人交流占 19.81%,杂志、图书获得的科学技术信息

占 13.31%，没有其他渠道 3.28%，其他 0.49%。

表 3-1　舟山市公民获取科技信息的渠道　　　　　　　　单位（%）

题序	B3（获取科技信息）	首选	其次	第三	排序指数	序
1	报纸	22.7	23.6	21.0	45.45	2
2	图书	2.4	4.5	5.7	7.31	7
3	科学期刊	2.4	3.0	4.7	6.01	8
4	一般杂志	1.8	5.6	7.4	8.01	6
5	电视	47.3	29.6	9.2	70.10	1
6	广播	2.1	8.5	10.3	11.22	5
7	因特网	18.8	9.2	9.9	28.29	3
8	与人交流	2.6	14.1	23.6	19.81	4
9	其他（记录）	0.1	0.2	0.9	0.49	10
10	没有其他渠道	1.2	0.2	5.8	3.28	9

（二）舟山市不同性别公民获取科技信息的主要渠道

表 3-2 显示：舟山市不同性别公民获取科技信息的主要渠道，10 个测试题，男、女获取科技信息主要渠道电视、电影、报纸、因特网、与人交往和图书、杂志等，获取科技信息渠道来源顺序基本上是一致的，不同的是通过电视、电影获得的科学技术信息，女的占 73.48%，男的占 65.74%，女比男的高 7.74 个百分点；通过报纸获得的科学技术信息，女的占 42.77%，男的占 48.90%，女比男的低 6.13 个百分点；通过因特网和与人交流获得的科学技术信息，女的分别占 28.55%、21.11%，男的分别占 27.94%、18.13%。

表 3-2　舟山市不同性别公民获取科技信息的主要渠道　　　　　单位（%）

题序	B3 选项（获取科技信息）	男					女				
		首选	其次	第三	排序指数	序	首选	其次	第三	排序指数	序
1	报纸	28.0	21.9	18.8	48.90	2	18.6	24.9	22.7	42.77	2
2	图书	2.8	3.7	6.5	7.40	8	2.2	5.1	5.0	7.25	7
3	科学期刊	3.9	3.9	4.8	8.01	7	1.3	2.4	4.7	4.46	8
4	一般杂志	2.2	6.3	5.5	8.22	6	1.6	5.0	8.8	7.85	6
5	电视	39.9	33.0	11.6	65.74	1	53.0	27.0	7.3	73.48	1
6	广播	1.8	10.0	10.0	11.86	5	2.3	7.4	10.5	10.71	5
7	因特网	18.5	8.9	10.5	27.94	3	19.1	9.4	9.4	28.55	3
8	与人交流	3.1	10.5	24.2	18.13	4	2.2	16.8	23.2	21.11	4
9	其他（记录）	0.0	0.3	0.9	0.51	10	0.1	0.1	0.8	0.48	10
10	没有其他渠道	1.4	0.0	5.7	3.29	9	1.1	0.4	5.9	3.27	9

（三）舟山市城乡公民获取科技信息的主要渠道

表 3-3 显示:舟山市城乡公民获取科技信息的主要渠道，10 个测试题，城乡公民获取科技信息的主要渠道是电视、电影、报纸、因特网、与人交往和图书、杂志等，获取科技信息渠道来源顺序基本上是一致的，不同的是通过电视、电影获得的科学技术信息，乡村高于城市，乡村占 71.96%，城市占 68.16%，乡村比市高 3.8 个百分点；通过报纸获得的科学技术信息，乡村低于城市，乡村占 40.02%，城市占 52.07%，乡村比城市低 12.05 个百分点；通过因特网获得的科学技术信息，乡村低于城市，乡村占 26.56%，城市占 30.39%，乡村比城市低 3.83 个百分点；通过与人交流获得的科学技术信息，乡村高于城市，乡村占 21.75%，城市占 17.44%，乡村比城市高 4.34 个百分点。

表 3-3　舟山市城乡公民获取科技信息的主要渠道　　　　　　　　单位（%）

题序	B3 选项（获取科技信息）	城镇					乡村				
		首选	其次	第三	排序指数	序	首选	其次	第三	排序指数	序
1	报纸	25.7	29.0	21.1	52.07	2	20.3	19.1	20.9	40.02	2
2	图书	2.8	5.1	5.2	7.97	6	2.1	4.0	6.0	6.77	8
3	科学期刊	1.5	2.5	5.1	4.88	8	3.2	3.4	4.4	6.94	7
4	一般杂志	0.9	5.5	9.3	7.67	7	2.6	5.6	5.9	8.28	6
5	电视	47.2	27.1	8.7	68.16	1	47.4	31.7	9.5	71.69	1
6	广播	1.5	6.9	10.0	9.42	5	2.6	9.9	10.5	12.69	5
7	因特网	19.3	11.2	10.9	30.39	3	18.5	7.6	9.1	26.56	3
8	与人交流	1.3	11.7	25.0	17.44	4	3.5	16.0	22.5	21.75	4
9	其他	0.1		1.3	0.60	10	0.4	0.4		0.41	10
10	没有其他渠道	0.3	0.3	2.7	1.40	9	2.0	0.1	8.3	4.81	9

（四）舟山市不同年龄公民获取科技信息的主要渠道

表 3-4 调查分析结果显示，不同年龄的公民获取科技信息的主要渠道，10 个测试题，不同年龄公民获取科技信息的主要渠道不同，18~29 周岁年龄段的公民获取科技信息主要渠道的顺序是：因特网、电视、电影、报纸、与人交往、科学期刊、杂志、图书；30~39 周岁年龄段的公民获取科技信息主要渠道的顺序是：电视、电影、报纸、因特网、与人交往、杂志、图书、广播、科学期刊等；40~49 周岁年龄段的公民获取科技信息主要渠道的顺序是：电视、电影、报纸、因特网、与人交往、广播、图书、杂志、科学期刊等；50~59 周岁，60~69 周岁两个年龄段的公民获取科技信息主要渠道的顺序是：电视、电影、报纸、与人交往、广播、因特网、杂志、图书、科学期刊等。

18～29 周岁年龄段的公民，获取科技信息主要渠道是因特网，占 70.25%，30～39 周岁，40～49 周岁，50～59，60～69 周岁年龄段在因特网获取科技信息分别占 39.8%，24.51%，12.24%，9.20%；30～69 周岁的四组年龄段，获取科技信息的主要渠道是电视、电影，分别占 66.33%，72.79%，77.24%，73.60%。

表 3-4　舟山市不同年龄公民获取科技信息的主要渠道　　　　　单位（%）

B3 选项（获取科技信息）		报纸	图书	科学期刊	一般杂志	电视	广播	因特网	与人交流	其他	没有渠道
18～29 周岁	排序指数	33.15	8.60	9.32	8.96	52.69	5.38	70.25	10.57	0.54	0.54
	序	3	7	5	6	2	8	1	4	10	9
30～39 周岁	排序指数	45.58	8.50	6.80	9.07	66.33	8.05	39.68	14.40	0.68	0.91
	序	2	6	8	5	1	7	3	4	10	9
40～49 周岁	排序指数	49.02	7.66	5.98	7.15	72.79	9.63	24.51	19.55	0.58	3.06
	序	2	6	8	7	1	5	3	4	10	9
50～59 周岁	排序指数	46.6	6.40	4.27	8.74	77.24	14.53	12.40	24.19	0.20	5.28
	序	2	7	9	6	1	4	5	3	10	8
60～69 周岁	排序指数	46.46	5.28	4.83	6.49	73.60	18.70	9.20	28.81	0.45	6.18
	序	2	8	9	6	1	4	5	3	10	7

（五）舟山市不同文化程度公民获取科技信息的主要渠道

表 3-5 调查分析结果显示，不同文化程度的公民获取科技信息的主要渠道，10 个测试题，不同文化程度公民获取科技信息主要渠道不同，不识字的公民获取科技信息主要渠道的顺序是：电视、电影、与人交往、广播、报纸、没有渠道、杂志、科学期刊、因特网、图书等；小学文化程度的公民获取科技信息主要渠道的顺序是：电视、电影、报纸、与人交往、广播、没有渠道、因特网、科学期刊、杂志、图书等；初中文化程度的公民获取科技信息主要渠道的顺序是：电视、电影、报纸、与人交往、因特网、广播、杂志、图书、科学期刊等；高中文化程度的公民获取科技信息主要渠道的顺序是：电视、电影、报纸、因特网、与人交往、杂志、广播、图书、科学期刊等；大学本科及以上文化程度的公民获取信息科技信息主要渠道的顺序是：因特网、电视、电影、报纸、科学期刊、图书、与人交往、杂志、广播。

大学本科及以上文化程度的公民，获取科技信息的主要渠道是因特网，占 71.5%；不识字、小学、初中、高中、大学专科文化程度获取科技信息主要渠道是电视、电影，分别占 85.31%，80.38%，75.99%，67.29%，54.5%；而在因特网获取科技信息的分别占 3.39%，7.41%，17.53%，35.58%，51.0%。

表 3-5　舟山市不同文化程度公民获取科技信息的主要渠道　　单位（%）

B3 选项（获取科技信息）		报纸	图书	科学期刊	一般杂志	电视	广播	因特网	与人交流	其他	没有渠道
A41. 不识字	排序指数	16.38	1.69	3.95	7.34	85.31	26.55	3.39	40.11	0.00	15.25
	序	4	9	7	6	1	3	8	2	10	5
A42. 小学	排序指数	37.86	4.12	6.17	6.04	80.38	19.20	7.41	30.45	0.27	8.09
	序	2	9	7	8	1	4	6	3	10	5
A43. 初中	排序指数	50.26	7.74	4.23	8.47	75.99	10.58	17.53	21.23	0.73	3.11
	序	2	7	8	6	1	5	4	3	10	9
A44. 高中	排序指数	49.29	7.84	5.88	9.36	67.29	9.45	35.38	14.26	0.27	0.98
	序	2	7	8	5	1	6	3	4	10	9
A45. 大学专科	排序指数	49.0	9.1	7.7	7.5	54.5	7.3	51.0	13.0	0.7	0.2
	序	3	5	6	7	1	8	2	4	9	10
A46. 大学本科及以上	排序指数	37.0	10.5	12.1	7.1	49.4	1.7	71.5	9.9	0.6	0.3
	序	3	5	4	7	2	8	1	6	9	10

（六）舟山市不同职业公民获取科技信息的主要渠道

表 3-6 调查分析结果显示，不同职业的公民获取科技信息的主要渠道，10 个测试题，不同职业公民获取科技信息主要渠道不同，国家机关、党群组织负责人获取科技信息主要渠道的顺序是：电视、电影、报纸、因特网、科学期刊、与人交往、广播、杂志、图书等；企事业单位负责人获取科技信息主要渠道的顺序是：电视、电影、报纸、因特网、与人交往、图书、杂志、广播、科学期刊等；专业技术人员获取科技信息主要渠道的顺序是：电视、电影、报纸、因特网、与人交往、广播、杂志、图书、科学期刊等；办事人员和有关人员获取科技信息主要渠道的顺序是：电视、电影、因特网、报纸、与人交往、图书、杂志、科学期刊、广播等；农林牧渔水利业生产人员获取科技信息主要渠道的顺序是：电视、电影、报纸、与人交往、广播、因特网、没渠道、杂志、科学期刊、图书等；商业及服务业人员获取科技信息主要渠道的顺序是：电视、电影、报纸、因特网、与人交往、图书、广播、杂志、科学期刊等；生产工人、运输设备操作及有关人员获取科技信息主要渠道的顺序是：电视、电影、报纸、因特网、与人交往、广播、杂志、图书、科学期刊等；学生及待升学人员获取科技信息主

要渠道的顺序是：因特网、电视、电影、报纸、图书、杂志、与人交往；失业人员及下岗人员获取科技信息主要渠道的顺序是：电视、电影、报纸、因特网、杂志、广播、与人交往、图书、科学期刊等；离退休人员获取科技信息主要渠道的顺序是：电视、电影、报纸、与人交往、因特网、广播、图书、杂志、没渠道、科学期刊等；家务劳动者获取科技信息主要渠道的顺序是：电视、电影、报纸、与人交往、因特网、广播、杂志、图书、科学期刊等；其他公民获取科技信息主要渠道的顺序是：电视、电影、报纸、因特网、与人交往、广播、科学期刊、杂志、图书等。

　　不同职业的公民获取科技信息的主要渠道是：电视电影、报纸、因特网、与人交往。学生及待升学人员获取科技信息的主要渠道，10项选题只选了因特网、电视电影、报纸、图书、杂志、与人交往 6 项，而主要渠道是因特网和电视电影，分别占 84.13% 和 60.32%；与人交往渠道选题，国家机关、党群组织负责人选择只占 11.49，占失业人员及下岗人员只占 10.32%。

表 3-6　舟山市不同职业公民获取科技信息的主要渠道　　　　　单位（%）

B3 选项（获取科技信息）		报纸	图书	科学期刊	一般杂志	电视	广播	因特网	与人交流	其他	没有渠道
A51 国家机关、党群组织负责人	排序指数	52.87	2.30	27.59	2.30	56.32	4.60	42.53	11.49	0.00	0.00
	序	2	7	4	7	1	6	3	5	9	10
A52 企事业单位负责人	排序指数	50.39	11.63	1.55	10.08	60.47	7.75	42.64	13.18	0.78	1.55
	序	2	5	8	6	1	7	3	4	10	9
A53 专业技术人员	排序指数	41.00	7.67	7.67	9.14	69.03	12.68	29.50	19.76	0.89	2.65
	序	2	7	7	6	1	5	3	4	10	9
A54 办事人员和有关人员	排序指数	48.31	8.91	5.40	8.50	56.68	5.53	52.50	12.28	0.67	1.21
	序	3	5	7	6	1	8	2	4	10	9
A55 农林牧渔水利业生产人员	排序指数	34.82	5.36	7.74	10.12	78.57	17.56	11.31	24.40	0.30	9.82
	序	2	9	8	7	1	4	5	3	10	6
A56 商业及服务业人员	排序指数	48.50	10.51	7.36	7.66	70.87	9.46	24.32	16.22	0.90	4.20
	序	2	5	8	7	1	6	3	4	10	9
A57 生产工人、运输设备操作及有关人员	排序指数	47.76	7.37	7.05	8.33	67.31	9.62	27.24	22.12	0.00	3.21
	序	2	7	8	6	1	5	3	4	10	9

（续）

B3 选项（获取科技信息）		报纸	图书	科学期刊	一般杂志	电视	广播	因特网	与人交流	其他	没有渠道
A58 学生及待升学人员	排序指数	22.22	14.29	0.00	11.11	60.32	0.00	84.13	7.94	0.00	0.00
	序	3	4	-	5	2	-	1	6	-	-
A59 失业人员及下岗人员	排序指数	40.48	8.73	6.35	20.63	71.43	15.08	25.40	10.32	0.00	1.59
	序	2	7	8	4	1	5	3	6	10	9
A510 离退休人员	排序指数	58.85	5.76	2.06	4.94	75.93	13.37	13.79	22.02	0.82	2.47
	序	2	6	9	7	1	5	4	3	10	8
A511 家务劳动者	排序指数	39.03	4.75	4.22	6.54	78.90	15.40	17.51	29.22	0.11	4.11
	序	2	7	8	6	1	5	4	3	10	9
A512 其他	排序指数	47.75	5.86	9.46	8.11	67.57	9.01	34.68	16.22	0.45	0.90
	序	2	8	6	7	1	5	3	4	10	9

（七）舟山市不同重点关注群体获取科技信息的主要渠道

表 3-7 调查分析结果显示，不同群体的公民获取科技信息的主要渠道，10 个测试题，不同群体公民获取科技信息主要渠道不同，总体获取科技信息主要渠道的顺序是：电视电影、报纸、因特网、与人交往、广播、杂志、图书、科学期刊等；领导干部和公务员获取科技信息主要渠道的顺序是：电视电影、报纸、因特网、科学期刊、与人交往、杂志、广播、图书等；城镇劳动者获取科技信息主要渠道的顺序是：电视电影、报纸、因特网、与人交往、广播、图书、杂志、科学期刊等；农民获取科技信息主要渠道的顺序是：电视电影、报纸、与人交往、因特网、广播、杂志、科学期刊、图书等；其他公民获取科技信息主要渠道的顺序是：电视电影、因特网、报纸、与人交往、广播、图书、杂志、科学期刊等。

获取科技信息主要渠道是电视电影群体的顺序是：农民占 73.15%，城镇劳动者占 68.18%，其他群体占 65.15%，领导干部和公务员占 56.45%；获取科技信息主要渠道是报纸的群体顺序是：领导干部和公务员占 53.23%，城镇劳动者占 50.44%，其他群体占 45.45%，农民占 40.72%；获取科技信息主要渠道是因特网的群体顺序是：其他群体占 49.24%，领导干部和公务员占 46.24%，城镇劳动者占 32.45%，农民占 21.98%；获取科技信息主要渠道是与人交往的群体顺序是：农民占 23.29%，其他群体占 17.42%，城镇劳动者占 17.01%，领导干部和公务员占 8.6%。

表 3-7　舟山市重点关注的不同群体获取科技信息的主要渠道　　　　单位（%）

B3 选项（获取科技信息）		报纸	图书	科学期刊	一般杂志	电视	广播	因特网	与人交流	其他	没有渠道
A61 领导干部和公务员	排序指数	53.23	7.53	10.75	8.60	56.45	7.53	46.24	8.60	0.54	0.54
	序	2	7	4	6	1	7	3	5	9	10
A62 城镇劳动者	排序指数	50.44	8.61	4.75	8.03	68.18	8.61	32.45	17.01	0.47	1.46
	序	2	5	8	7	1	5	3	4	10	9
A63 农民	排序指数	40.72	6.17	6.62	8.29	73.15	13.96	21.98	23.29	0.50	5.23
	序	2	8	7	6	1	5	4	3	10	9
A64 其他	排序指数	40.91	7.58	7.58	2.27	65.15	8.33	49.24	17.42	0.76	0.76
	序	3	6	7	8	1	5	2	4	9	10
总体	排序指数	45.45	7.31	6.01	8.01	70.10	11.22	28.29	19.81	0.49	3.28
	序	2	7	8	6	1	5	3	4	10	9

二、舟山市公民参与公共科技事务的程度

（一）舟山市公民参与公共科技事务程度

表 3-8 显示，舟山市公民参与公共科技事务程度的测试中，阅读报纸、期刊或因特网上关于科学的文章，响应指数较高，经常参与占 37.0%，偶尔参与占 28.8%，很少参与占 16.9%，没有参与过占 15.3%，不知道占 2.0%；和亲戚、朋友、同事谈论有关科学技术的话题，响应指数一般，经常参与占 19.0%，偶尔参与占 35.1%，很少参与占 28.3%，没有参与过占 16.0%，不知道占 1.6%；参加与科学技术有关的公共问题的讨论和听证会，响应指数较差，经常参与占 10.2%，偶尔参与占 17.6%，很少参与占 23.3%，没有参与过占 42.8%，不知道占 6.0%；参与关于原子能、生物技术或环境等方面的建议和宣传活动，响应指数差，经常参与占 8.4%，偶尔参与占 12.0%，很少参与占 16.6%，没有参与过占 48.2%，不知道占 14.8%。

舟山市公民参与公共科技事务大多是通过阅读报纸、期刊或因特网上关于科学的文章形式，参加与科学技术有关的公共问题的讨论和听证会，参与关于原子能、生物技术或环境等方面的建议和宣传活动很少。

表 3-8　舟山市公民参与公共科技事务程度　　　　　　单位（%）

题序	B7 选项	经常参与	偶尔参与	很少参与	没有参与过	不知道	响应指数
1	阅读报纸、期刊或因特网上关于科学的文章	37.0	28.8	16.9	15.3	2.0	109.70
2	和亲戚、朋友、同事谈论有关科学技术的话题	19.0	35.1	28.3	16.0	1.6	98.95
3	参加与科学技术有关的公共问题的讨论和听证会	10.2	17.6	23.3	42.8	6.0	60.35
4	参与关于原子能、生物技术或环境等方面的建议和宣传活动	8.4	12.0	16.6	48.2	14.8	41.68

（二）不同性别公民参与公共科技事务程度

表 3-9 显示，舟山市不同性别公民参与公共科技事务的测试中，阅读报纸、期刊或因特网上关于科学的文章，男女参与程度无明显差异；经常参与均占 37.0%，偶尔参与女性公民比男性公民高 2.3 个百分点，很少参与女性公民比男性公民低 3.1 个百分点，没有参与过女性公民比男性公民高 1.4 个百分点，不知道均占 2.0%；和亲戚、朋友、同事谈论有关科学技术的话题，男女参与的差距程度：经常参与的女性公民比男性公民低 1.4 个百分点，偶尔参与女性公民比男性公民高 2.0 个百分点，很少参与女性公民比男性公民高 0.9 个百分点，没有参与过女性公民比男性公民低 2.9 个百分点，不知道女性公民比男性公民高 1.3 个百分点；参加与科学技术有关的公共问题的讨论和听证会，男女参与的差距程度：经常参与的女性公民比男性公民低 0.7 个百分点，偶尔参与女性公民比男性公民低 1.3 个百分点，很少参与女性公民和男性公民均占 23.3%，没有参与过女性公民比男性公民高 2.6 个百分点，不知道女性公民比男性公民低 0.6 个百分点；参与关于原子能、生物技术或环境等方面的建议和宣传活动，男女参与的差距程度：经常参与的女性公民比男性公民低 2.1 个百分点，偶尔参与女性公民比男性公民低 0.7 个百分点，很少参与女性公民比男性公民高 0.9 个百分点，没有参与过女性公民比男性公民高 1.0 个百分点，不知道女性公民比男性公民高 1.5 个百分点。

表 3-10 显示，舟山市不同性别公民参与公共科技事务的响应指数，男女参与公共科技事务的响应指数的差距程度：通过阅读报纸、期刊或因特网上关于科学的文章形式参与公共科技事务的响应指数，男性公民的响应指数是 110.04，女性公民的响应指数是 109.43，女性公民比男性公民的响应指数低 0.61；和亲戚、朋友、同事谈论有关科学技术的话题形式参与公共科技事务的响应指数，男性公民的响应指数是 98.84，女性公民的响应指数是 99.06，女性公民比男性公民的响应指数高 0.22；参加与科学技术有关的公共问题的讨论和听证会形式参与公共科技事务的响应指数，男性公民的

响应指数是 61.63，女性公民的响应指数是 59.45，女性公民比男性公民的响应指数低 2.18；参与关于原子能、生物技术或环境等方面的建议和宣传活动的响应指数，男性公民的响应指数是 44.57，女性公民的响应指数是 39.62，女性公民比男性公民的响应指数低 4.95。

舟山市不同性别公民通过阅读报纸、期刊或因特网上关于科学的文章形式，和亲戚、朋友、同事谈论有关科学技术的话题，参加与科学技术有关的公共问题的讨论和听证会，参与关于原子能、生物技术或环境等方面的建议和宣传活动参与公共科技事务的差异，差距在 0.7 ~ 2.9 个百分点之间。参与公共科技事务的响应指数，通过阅读报纸、期刊或因特网上关于科学的文章形式参与公共科技事务的响应指数较高，除和亲戚、朋友、同事谈论有关科学技术的话题形式参与公共科技事务的响应指数，女性公民比男性公民的响应指数高 0.22，其他三项男性公民参与公共科技事务的响应指数均不同程度高于女性公民。

表 3-9 舟山市不同性别公民参与公共科技事务程度 单位（%）

题序	B7 选项	经常参与		偶尔参与		很少参与		没有参与过		不知道	
		男	女	男	女	男	女	男	女	男	女
1	阅读报纸、期刊或因特网上关于科学的文章	37.0	37.0	27.8	29.5	18.7	15.6	14.5	15.9	2.0	2.0
2	和亲戚、朋友、同事谈论有关科学技术的话题	19.8	18.4	34.0	36.0	27.8	28.7	17.6	14.7	0.9	2.2
3	参加与科学技术有关的公共问题的讨论和听证会	10.6	9.9	18.4	17.1	23.3	23.3	41.4	44.0	6.3	5.7
4	参与关于原子能、生物技术或环境等方面的建议和宣传活动	10.0	7.2	12.4	11.7	16.1	17.0	47.6	48.6	13.9	15.4

注：调查样本中男性占 43.7%，女性占 56.3%。

表 3-10 舟山市不同性别公民参与公共科技事务的认知程度 单位（%）

题序	B7 选项	响应指数	
		男	女
1	阅读报纸、期刊或因特网上关于科学的文章	110.04	109.43
2	和亲戚、朋友、同事谈论有关科学技术的话题	98.84	99.06
3	参加与科学技术有关的公共问题的讨论和听证会	61.63	59.45
4	参与关于原子能、生物技术或环境等方面的建议和宣传活动	44.57	39.62

（三）舟山市城乡公民参与公共科技事务程度

表 3-11 显示，舟山市城乡公民参与公共科技事务程度测试，城乡参与程度有明显差异。阅读报纸、期刊或因特网上关于科学的文章，经常参与城市公民比乡村公民

高 13.7 个百分点，偶尔参与城市公民比乡村公民低 0.5 个百分点，很少参与城市公民比乡村公民低 6.2 个百分点，没有参与过城市公民比乡村公民低 7.6 个百分点，不知道城市公民比乡村公民高 1.7 个百分点；和亲戚、朋友、同事谈论有关科学技术的话题，经常参与城市公民比乡村公民高 7.4 个百分点，偶尔参与城市公民比乡村公民高 8.7 个百分点，很少参与城市公民比乡村公民低 10.5 个百分点，没有参与过城市公民比乡村公民低 4.8 个百分点，不知道城市公民比乡村公民低 0.8 个百分点；参加与科学技术有关的公共问题的讨论和听证会，经常参与城市公民比乡村公民高 5.0 个百分点，偶尔参与城市公民比乡村公民低 1.6 个百分点，很少参与城市公民比乡村公民低 0.9 个百分点，没有参与过城市公民比乡村公民低 0.3 个百分点，不知道城市公民比乡村公民低 2.2 个百分点；参与关于原子能、生物技术或环境等方面的建议和宣传活动，经常参与城市公民比乡村公民高 3.2 个百分点，偶尔参与城市公民比乡村公民低 1.9 个百分点，很少参与城市公民比乡村公民高 0.7 个百分点，没有参与过城市公民和乡村公民均占 48.2%，不知道城市公民比乡村公民低 2.0 个百分点。

表 3-11　舟山市城乡公民参与公共科技事务的认知程度　　　　单位（%）

题序	B7 选项	经常参与		偶尔参与		很少参与		没有参与过		不知道	
		城	乡	城	乡	城	乡	城	乡	城	乡
1	阅读报纸、期刊或因特网上关于科学的文章	44.5	30.8	28.5	29.0	13.5	19.7	11.1	18.7	2.4	1.7
2	和亲戚、朋友、同事谈论有关科学技术的话题	23.1	15.7	39.9	31.2	22.5	33.0	13.3	18.1	1.2	2.0
3	参加与科学技术有关的公共问题的讨论和听证会	13.0	8.0	16.8	18.4	22.8	23.7	42.7	43.0	4.8	7.0
4	参与关于原子能、生物技术或环境等方面的建议和宣传活动	10.2	7.0	11.0	12.9	17.0	16.3	48.2	48.2	13.7	15.7

表 3-12 显示，舟山市城乡公民参与公共科技事务的响应指数，城乡参与公共科技事务的响应指数有明显差距：通过阅读报纸、期刊或因特网上关于科学的文章形式参与公共科技事务的响应指数，城市公民的响应指数是 117.70%，乡村公民的响应指数是 103.06%，城市公民比乡村公民的响应指数高 14.64%；和亲戚、朋友、同事谈论有关科学技术的话题形式参与公共科技事务的响应指数，城市公民的响应指数是 105.94%，乡村公民的响应指数是 93.27%，城市公民比乡村公民的响应指数高 12.67%；参加与科学技术有关的公共问题的讨论和听证会形式参与公共科技事务的响应指数，城市公民的响应指数是 63.77%，乡村公民的响应指数是 57.65%，城市公民比乡村公民的响应指数高 6.12%；参与关于原子能、生物技术或环境等方面的建议和宣传活动参与公共科技事务的响应指数，城市公民的响应指数是 44.10%，乡村公民的响应指数是 39.82%，城市公民比乡村公民的响应指数高 5.10 百分点。

舟山市城乡公民参与公共科技事务差距比较明显，4 个测试题的选项中的参与度，城市公民明显高于乡村公民，差距在 3.2~13.7 个百分点之间。参与公共科技事务的响应指数，4 个测试题选项中的响应指数，城市公民响应指数明显高于乡村公民的响应指数，其影响指数的差距在 5.2~14.6 百分点之间。

表 3-12　舟山市城乡公民参与公共科技事务的响应指数　　　　单位（%）

题序	B7 选项	响应指数	
		城	乡
1	阅读报纸、期刊或因特网上关于科学的文章	117.70	103.06
2	和亲戚、朋友、同事谈论有关科学技术的话题	105.94	93.27
3	参加与科学技术有关的公共问题的讨论和听证会	63.77	57.65
4	参与关于原子能、生物技术或环境等方面的建议和宣传活动	44.10	39.83

（四）舟山市不同年龄段公民参与公共科技事务的程度

舟山市不同年龄段公民参与公共科技事务响应指数，不同年龄段参与公共科技事务响应指数有明显差异。随着年龄段的上升，其伴随着响应指数下降。见表 3-13，按读报纸、期刊或因特网上关于科学的文章，和亲戚、朋友、同事谈论有关科学技术的话题，参加与科学技术有关的公共问题的讨论和听证会，参与关于原子能、生物技术或环境等方面的建议和宣传活动的顺序的响应指数，18~29 周岁年龄段的响应指数分别为：119.67%、104.5%、70.67%、45.80%；30~39 周岁年龄段的响应指数分别为：113.75%、100.81%、64.78%、40.77%；40~49 周岁年龄段的响应指数分别为：111.75%、100.91%、60.52%、43.34%；50~59 周岁年龄段的响应指数分别为：100.19%、94.37%、57.86%、42.03%；60~69 周岁年龄段的响应指数分别为：105.57%、94.72%、53.11%、36.00%。

舟山市通过阅读报纸、期刊或因特网上关于科学的文章形式参与公共科技事务和亲戚、朋友、同事谈论有关科学技术的话题形式参与公共科技事务的响应指数较高，测试的各年龄段比较，18~29 周岁年龄段公民参与公共科技事务的响应指数最高，60~69 周岁年龄段公民参与公共科技事务的响应指数相对较低。

表 3-13　舟山市不同年龄段公民参与公共科技事务的响应指数　　　单位（%）

B7 选项	B71.阅读报纸、期刊或因特网上关于科学的文章	B72.和亲戚、朋友、同事谈论有关科学技术的话题	B73.参加与科学技术有关的公共问题的讨论和听证会	B74.参与关于原子能、生物技术或环境等方面的建议和宣传活动
A31.18~29 周岁	119.67	104.5	70.67	45.8
A32.30~39 周岁	113.75	100.81	64.78	40.77

（续）

B7 选项	B71. 阅读报纸、期刊或因特网上关于科学的文章	B72. 和亲戚、朋友、同事谈论有关科学技术的话题	B73. 参加与科学技术有关的公共问题的讨论和听证会	B74. 参与关于原子能、生物技术或环境等方面的建议和宣传活动
A33. 40~49 周岁	111.75	100.98	60.52	43.34
A34. 50~59 周岁	100.19	94.37	57.86	42.03
A35. 60~69 周岁	105.57	94.72	53.11	36.00

（五）不同文化程度公民参与公共科技事务的程度

舟山市不同文化程度公民参与公共科技事务响应指数有明显差异。随着文化程度的上升，其伴随着响应指数增高。见表 3-14，按读报纸、期刊或因特网上关于科学的文章，和亲戚、朋友、同事谈论有关科学技术的话题，参加与科学技术有关的公共问题的讨论和听证会，参与关于原子能、生物技术或环境等方面的建议和宣传活动的顺序的响应指数，不识字的响应指数分别为：66.59%，66.14%，38.7%，28.19%；小学文化程度的响应指数分别为：86.25%，79.71%，44.94%，37.59%；初中文化程度的响应指数分别为：105.48%，97.77%，59.9%，41.27%；高中文化程度的响应指数分别为：118.04%，102.66%，62.02%，40.38%；大学专科文化程度的响应指数分别为：127.86%，114.25%，71.70%，43.63%；大学本科及以上文化程度的响应指数分别为：141.51%，123.75%，82.04%，59.96%。

从各文化层次公民参与公共科技事务响应指数看，初中以上文化层次公民能够不同程度参与公共科技事务，而大学专科及以上文化层次公民参与公共科技事务较多，大学本科及以上文化程度参与公共科技事务最多。

表 3-14　舟山市不同文化程度公民参与公共科技事务的响应指数　　　单位（%）

B7 选项	B71. 阅读报纸、期刊或因特网上关于科学的文章	B72. 和亲戚、朋友、同事谈论有关科学技术的话题	B73. 参加与科学技术有关的公共问题的讨论和听证会	B74. 参与关于原子能、生物技术或环境等方面的建议和宣传活动
A41.不识字	66.59	66.14	38.7	28.19
A42.小学	86.25	79.71	44.94	37.59
A43.初中	105.48	97.77	59.9	41.27
A44.高中 （中专、技校）	118.04	102.66	62.02	40.38
A45.大学专科	127.86	114.25	71.70	43.63
A46.大学本科 及以上	141.51	123.75	82.04	59.96

（六）不同职业公民参与公共科技事务的程度

舟山市不同职业公民参与公共科技事务响应指数有明显差异。表 3-15 显示，按读报纸、期刊或因特网上关于科学的文章，和亲戚、朋友、同事谈论有关科学技术的话题，参加与科学技术有关的公共问题的讨论和听证会，参与关于原子能、生物技术或环境等方面的建议和宣传活动的顺序响应指数高低为：党政负责人响应指数分别为：132.51%，132.09%，117.25%，75.93%；企事业负责人的响应指数分别为：127.62%，116.26%，77.92%，57.16%；办事和有关人员的响应指数分别为：126.71%，110.73%，65.46%，41.78%；失业及下岗人员的响应指数分别为：124.2%，102.37%，64.75%，55.68%；专业技术人员的响应指数分别为：112.69%，104.1%，65.69%，49.92%；离退休人员的响应指数分别为：121.11%，107.98%，55.95%，28.97%；农林牧渔劳动者的响应指数分别为：102.28%，93.29%，67.88%，55.98%；商业及服务业人员的响应指数分别为：112.64%，97.62%，61.89%，49.72%；学生和待升学人员的响应指数分别为：110.01%，97.53%，66.21%，96.7%；生产运输操作人员的响应指数分别为：94.47%，94.66%，54.61%，39.36%；其他公民的响应指数分别为：98.86%，93.12%，58.45%，44.85%；家务劳动者的响应指数分别为：90.79%，83.00%，46.73%，28.27%。

舟山市不同职业公民参与公共科技事务响应指数有明显差异。读报纸、期刊或因特网上关于科学的文章，和亲戚、朋友、同事谈论有关科学技术的话题两项响应指数较高。党政负责人、企事业负责人、办事和有关人员、专业技术人员等响应指数较高，其中党政负责人参与公共科技事务响应指数最高；生产运输操作人员，其他公民和家务劳动者的响应指数较低，其中家务劳动者参与公共科技事务响应指数最低。党政负责人参与公共科技事务响应指数比家务劳动者参与公共科技事务响应指数：读报纸、期刊或因特网上关于科学的文章的响应指数是 41.79%，和亲戚、朋友、同事谈论有关科学技术的话题的响应指数是 49.09%，参加与科学技术有关的公共问题的讨论和听证会的响应指数是 70.52%，参与关于原子能、生物技术或环境等方面的建议和宣传活动的响应指数 46.96%。

表 3-15　舟山市不同职业公民参与公共科技事务的响应指数　　　　单位（%）

B7 选项	B71. 阅读报纸、期刊或因特网上关于科学的文章	B72. 和亲戚、朋友、同事谈论有关科学技术的话题	B73. 参加与科学技术有关的公共问题的讨论和听证会	B74. 参与关于原子能、生物技术或环境等方面的建议和宣传活动
党政负责人	132.51	132.09	117.25	75.93
企事业负责人	127.62	116.28	77.92	57.16
专业技术人员	112.69	104.1	65.69	49.92
办事和有关人员	126.71	110.73	65.46	41.78
农林牧渔劳动者	102.28	93.29	67.88	55.98
商业及服务业人员	112.64	97.62	61.89	49.72

（续）

B7 选项	B71. 阅读报纸、期刊 或因特网上关 于科学的文章	B72. 和亲戚、朋友、 同事谈论有关科 学技术的话题	B73. 参加与科学技术 有关的公共问题 的讨论和听证会	B74. 参与关于原子能、生 物技术或环境等方面 的建议和宣传活动
生产运输操作人员	94.47	94.66	54.61	39.36
学生及待升学人员	110.01	97.53	66.21	96.7
失业及下岗人员	124.2	102.37	64.75	55.68
离退休人员	121.11	107.98	55.95	28.97
家务劳动者	90.79	83.00	46.73	28.27
其他	98.86	93.06	58.45	44.85

（七）舟山市重点关注群体公民参与公共科技事务的程度

舟山市不同群体公民参与公共科技事务响应指数有明显差异。表 3-16 显示，按读报纸、期刊或因特网上关于科学的文章，和亲戚、朋友、同事谈论有关科学技术的话题，参加与科学技术有关的公共问题的讨论和听证会，参与关于原子能、生物技术或环境等方面的建议和宣传活动的顺序响应指数高低为：党政干部和公务员响应指数分别为：135.85%，123.02%，81.25%，48.72%；其他公民响应指数分别为：129.52%，115.91%，69.56%，36.10%；乡镇劳动者响应指数分别为：116.38%，104.06%，60.97%，44.03%；农民响应指数分别为：100.44%，91.60%，57.65%，39.48%。

舟山市不同群体公民参与公共科技事务，党政干部和公务员群体响应指数较高，其他公民群体参与公共科技事务响应指数次之，乡镇劳动者群体响应指数第三，农民群体响应指数最低。

表 3-16　舟山市重点关注群体公民参与公共科技事务的响应指数　　单位（%）

B7 选项	B71. 阅读报纸、期刊 或因特网上关 于科学的文章	B72. 和亲戚、朋友、 同事谈论有关科 学技术的话题	B73. 参加与科学技术 有关的公共问题 的讨论和听证会	B74. 参与关于原子能、生 物技术或环境等方面 的建议和宣传活动
领导干部和公务员	135.85	123.02	81.25	48.72
城镇劳动者	116.38	104.06	60.97	44.03
农民	100.44	91.60	57.65	39.48
其他	129.52	115.91	69.56	36.10

（八）舟山市公民参加科普活动的情况

1. 舟山市参加科普活动的受益面

舟山市公民参加科普活动的情况，表 3-17 调查分析结果显示：B4 的 6 个选项中，科技周、科技节、科普日，参加过和没参加，但听说过的占 84.6%，听说过和不知道的占 15.4%；

科普宣传车，参加过和没参加，但听说过的占 76.7%，听说过和不知道的占 23.3%；科技咨询，参加过和没参加，但听说过的占 77.8%，听说过和不知道的占 22.2%；科技培训参加过和没参加，但听说过的占 78.4%，听说过和不知道的占 21.6%；科普讲座参加过和没参加，但听说过的占 82.1%，听说过和不知道的占 17.8%；科技展览参加过和没参加，但听说过的占 79.4%，听说过和不知道的占 20.6%；

舟山市公民参加各项科普活动响应指数是：科技周、科技节、科普日，响应指数为 114.45%，科普宣传车响应指数为 94.10%，科技咨询响应指数为 98.50%，科技培训响应指数为 99.30%，科普讲座响应指数为 110.80%，科技展览响应指数为 104.05%。

舟山市公民参加各项科普活动较好，受益人群在 76.7%以上，响应指数较高，在 94.10%以上。

表 3-17　舟山市公民参加科普活动的情况　　　　　　　　单位（%）

题序	B4 选项	参加过	没参加，但听说过	没听说过	不知道	响应指数
1	科技周、科技节、科普日	43.2	41.4	11.9	3.5	114.45
2	科普宣传车	19.2	57.5	18.9	4.4	94.10
3	科技咨询	26.9	51.0	16.6	5.6	98.50
4	科技培训	27.9	50.5	15.5	6.1	99.30
5	科普讲座	42.1	40.1	12.9	4.9	110.80
6	科技展览	35.4	44.0	14.5	6.1	104.05

2. 舟山市公民参加科普活动的区县地域差异

表 3-18 调查分析结果显示：B4 的 6 个选项中，舟山市各县区公民参加科普活动情况，舟山市各县区公民参加各项科普活动响应指数从高到低顺序依次是：科技周、科技节、科普日活动，嵊泗县响应指数是 142.45%，岱山县响应指数是 126.45%，定海区响应指数是 110.05%，普陀区响应指数是 101.85%；科普宣传车活动，岱山县响应指数是 114.50%，嵊泗县响应指数是 113.50%，定海区响应指数是 90.00%，普陀区响应指数是 78.50%；科技咨询响应指数嵊泗县是 133.40%，岱山县响应指数是 106.65%，定海区响应指数是 95.55%，普陀区响应指数是 84.15%；科技培训响应指数，嵊泗县是 134.10%，岱山县响应指数是 108.60%，定海区响应指数是 94.05%，普陀区响应指数是 87.50%；科普讲座响应指数为嵊泗县响应指数是 137.50%，岱山县响应指数是 111.00%，定海区响应指数是 108.45%，普陀区响应指数是 103.20%；科技展览响应指数为嵊泗县响应指数是 137.10%，定海区响应指数是 102.95%，岱山县响应指数是 102.70%，普陀区响应指数是 91.50%。

舟山市各县区公民参加各项科普活动响应指数较高，4 个县区公民参加各项科普活动响应指数最高的嵊泗县，响应指数在 113.50%~137.50%之间；最低的是普陀区，响应指数在 78.50%~103.20% 之间。

表 3-18　舟山市各区县公民参加科普活动的情况响应指数　　单位（%）

题序	B4 选项	响应指数			
		定海区	普陀区	岱山县	嵊泗县
1	科技周、科技节、科普日	110.05	101.85	126.45	142.45
2	科普宣传车	90.00	78.50	114.50	113.50
3	科技咨询	94.55	84.15	106.65	133.40
4	科技培训	94.05	87.50	108.60	134.10
5	科普讲座	108.45	103.20	111.00	137.50
6	科技展览	102.95	91.50	102.70	137.10

注：具体各区县公民参加科普活动的情况，详见附件中表（表 A5-7 至表 A5-10）。

3. 舟山城乡公民参加科普活动比较

表 3-19 调查分析结果显示：B4 的 6 个选项中，城乡公民参加各项科普活动响应指数是：科技周、科技节、科普日活动，城市公民响应指数是 122.20%，乡村公民响应指数是 108.25%；科普宣传车活动，城市公民响应指数是 98.85%，乡村公民响应指数是 90.10%；科技咨询响应指数为城市公民响应指数是 103.10%，乡村公民响应指数是 44.70%；科技培训响应指数为，城市公民响应指数是 104.45%，乡村公民响应指数是 95.15%；科普讲座响应指数为城市公民响应指数是 123.00%，乡村公民响应指数是 100.85%；科技展览为城市公民响应指数是 116.65%，乡村公民响应指数是 93.80%。

舟山市不论是城市公民还是乡村公民，参加科普活动响应指数较高，城乡响应指数有明显差距，城市公民响应指数高于乡村公民。城市公民响应指数在 98.85%~123.00% 之间，而乡村公民响应指数在 90.10%~108.25% 之间。

表 3-19　舟山市城乡公民参加科普活动的情况响应指数　　单位（%）

题序	B4 选项	响应指数	
		城镇	乡村
1	科技周、科技节、科普日	122.20	108.25
2	科普宣传车	98.85	90.10
3	科技咨询	103.10	94.70
4	科技培训	104.45	95.15
5	科普讲座	123.00	100.85
6	科技展览	116.65	93.80

4. 舟山公民参观科普教育基地情况

在 B6 的 10 个选项中，考虑公民参加或没能参加的原因方面，在去过的原因中设计了 3 种原因以供选择，在没去过的原因中设计了 6 种原因以供选择。表 3-20 显示，去过的原因中,自己感兴趣的,选择比较高的有图书阅览室和公共图书馆分别占32.0%和27.5%,动物园、水族馆、植物园,占29.1%,选择工农业生产园区和高校和科研院所实验室的相对较少,分别占10.7%和5.7%;陪亲人去选择比较高的有动物园、水族馆、植物园占30.6%,选择工农业生产园区和高校和科研院所实验室的相对较少,分别占5.7%和5.1%;偶然机会选择比较高的有科普画廊或宣传栏,占25.3%,选择高校和科研院所实验室的相对较少,分别占9.2%。没去过及原因中,本地没有,选择自然博物馆占28.4%,选择科技馆等科技类场馆占21.5%,选择公共图书馆较少占7.3%;门票太贵,选择10个选项在0.6%~3.7%之间;缺乏展品,选择10个选项在0.3~1.5之间;不知道在哪里,选择10个选项在7.8%~16.5%之间,其中选择科技示范点或科普活动站、工农业生产园区和高校和科研院所实验室分别占16.0%、16.1%和15.1%。不感兴趣,选择高校和科研院所实验室、工农业生产园区和科技示范点或科普活动站,分别占24.7%、23.8%和20.5%。不知道,选择10个选项在1.4%~12.2%之间,其中选择工农业生产园区和高校和科研院所实验室分别占12.2%和19.7%,选择动物园、水族馆、植物园只占1.4%。

表3-20　舟山公民参观科普教育基地情况　　　　　　　　单位（%）

B6 选项	去过的原因			没去过及原因					
	自己感兴趣	陪亲人去	偶然机会	本地没有	门票太贵	缺乏展品	不知道在哪里	不感兴趣	不知道
1　动物园、水族馆、植物园	29.1	30.6	13.5	15.1	2.2	0.3	3.1	4.7	1.4
2　科技馆等科技类场馆	12.3	19.6	19.2	21.5	3.0	0.7	9.8	10.0	3.9
3　自然博物馆	12.0	12.6	17.3	28.4	4.1	0.8	9.6	11.1	4.2
4　公共图书馆	27.5	15.8	20.3	7.3	1.4	0.7	8.9	15.3	2.9
5　美术馆或展览馆	12.2	13.5	17.4	18.0	3.7	1.3	11.3	17.5	5.2
6　科普画廊或宣传栏	21.4	11.0	25.3	8.9	2.0	1.5	9.0	16.2	4.6
7　图书阅览室	32.0	13.9	18.6	6.6	0.6	0.3	7.8	16.7	3.4
8　科技示范点或科普活动站	12.4	8.7	19.0	13.3	0.7	0.8	16.0	20.5	8.4
9　工农业生产园区	10.7	5.7	13.7	16.3	0.8	0.5	16.1	23.8	12.2
10　高校和科研院所实验室	5.7	5.1	9.2	19.2	0.9	0.5	15.1	24.7	19.7

三、舟山市公民对科技信息的兴趣程度

（一）舟山市公民对科学技术信息的感兴趣程度

表3-21显示,舟山市公民对科学技术信息的感兴趣程度测试,在B1的11个科学技术知识与进展方面的选项,非常感兴趣和感兴趣的,文化与教育和国家经济发展

均占 80%，医学新进展、农业发展、公共安全、节约资源能源、体育与娱乐、科学新发现分别占 79.3%、77.1%、73%、71.9%、71.1%、71%；不感兴趣在 4.4%~10.6%之间；完全不感兴趣在 0.4%~2.4%之间。

舟山市公民对科学技术信息的兴趣较高，在 11 个选项中，非常感兴趣和感兴趣的占 71%及以上的有 8 项。对科学技术信息感兴趣程度的响应指数较高，只有 1 项响应指数是 96.14%，其余 10 项响应指数在 101.10%~113.98%之间。

表 3-21　舟山市公民对科学技术信息的感兴趣程度　　　　单位（%）

题序	B1 选项	非常感兴趣	感兴趣	无所谓	不感兴趣	完全不感兴趣	不清楚不了解	响应指数
1	科学新发现	26.6	44.4	19.7	6.1	0.9	2.4	110.04
2	新发明和新技术	20.0	49.0	20.2	7.5	1.0	2.4	105.09
3	医学新进展	28.5	50.8	13.5	4.4	0.4	2.4	114.63
4	国际与外交政策	19.4	40.9	26.5	9.0	1.3	3.0	101.10
5	文化与教育	27.7	52.3	13.3	4.5	1.2	1.0	114.09
6	国家经济发展	27.7	52.3	13.3	4.5	1.2	1.0	114.09
7	农业发展	20.5	40.8	26.0	9.4	1.7	1.7	101.79
8	生产适用技术	16.9	38.7	28.4	10.6	2.4	3.1	96.14
9	体育与娱乐	29.6	41.8	18.2	7.0	1.5	2.0	110.36
10	公共安全	29.3	47.8	15.5	4.4	1.1	1.9	113.98
11	节约资源能源	26.9	45.0	18.2	6.0	1.3	2.6	109.78

（二）定海区公民对科学技术信息的感兴趣程度

表 3-22 显示，定海区公民对科学技术信息的感兴趣程度测试，在 B1 的 11 个科学技术知识与进展方面的选项，非常感兴趣和感兴趣的，文化与教育、医学新进展、国家经济发展和公共安全选项分别占 79.%、77.3%、77%和 74.2%；生产适用技术选项占 46.1%农业发展和国际与外交政策选项均在 54%；不感兴趣在 4.9%~13.1%之间；完全不感兴趣在 0.5%~3.5%之间。

定海区公民对科学技术信息的兴趣较高，在 11 个选项中，非常感兴趣和感兴趣的选 70%及以上的有 4 项，选 60%~70%的有 4 项。对科学技术信息感兴趣程度的响应指数较高，只有 1 项响应指数是 87.11%，其余 10 项响应指数在 96.52%~113.96%之间。

表 3-22　定海区公民对科学技术信息的感兴趣程度　　　　单位（%）

题序	B1 选项	非常感兴趣	感兴趣	无所谓	不感兴趣	完全不感兴趣	不清楚不了解	响应指数
1	科学新发现	20.9	44.1	21.9	8.0	1.5	3.6	102.94
2	新发明和新技术	16.7	45.5	24.3	9.5	1.8	2.3	99.50

（续）

题序	B1 选项	非常感兴趣	感兴趣	无所谓	不感兴趣	完全不感兴趣	不清楚不了解	响应指数
3	医学新进展	28.7	48.6	15.2	5.0	0.5	2.0	113.96
4	国际与外交政策	17.0	37.9	30.3	9.2	1.6	4.1	97.61
5	文化与教育	27.5	52.5	12.9	4.9	1.2	1.1	113.64
6	国家经济发展	25.4	52.3	14.6	5.5	0.9	1.2	111.92
7	农业发展	16.2	37.8	31.5	10.7	2.2	1.6	96.52
8	生产适用技术	9.8	36.3	34	13.1	3.5	3.3	87.11
9	体育与娱乐	27.2	40.3	19.4	8.8	2.2	2.2	105.91
10	公共安全	28.4	45.8	17.2	4.9	1.4	2.4	111.89
11	节约资源能源	25.7	43.6	21.4	5.7	1.5	2.2	108.91

（三）普陀区公民对科学技术信息的感兴趣程度

表 3-23 显示，普陀区公民对科学技术信息的感兴趣程度测试，在 B1 的 11 个科学技术知识与进展方面的选项，非常感兴趣和感兴趣的，国家经济发展和公共安全选项分别占 80.1%、80.2%，农业发展、国际与外交政策和生产适用技术选项分别占 58.5%、54.9% 和 51.9%；不感兴趣在 2.1%~11.1% 之间；完全不感兴趣在 0.6%~2.1% 之间。

普陀区公民对科学技术信息的兴趣较高，在 11 个选项中，非常感兴趣和感兴趣的选 70% 及以上的有 8 项，选 51.9%~60% 的有 3 项。对科学技术信息的感兴趣程度的响应指数较高，11 项响应指数在 95.0%~112.4% 之间。

表 3-23　普陀区公民对科学技术信息的感兴趣程度　　　　单位（%）

题序	B1 选项	非常感兴趣	感兴趣	无所谓	不感兴趣	完全不感兴趣	不清楚不了解	响应得分
1	科学新发现	21.9	49.8	21.9	3.9	0.6	1.8	110.3
2	新发明和新技术	18.6	51.4	20.4	6.0	0.6	3.0	105.9
3	医学新进展	22.5	57.4	13.5	2.4	0.6	3.6	112.4
4	国际与外交政策	14.1	40.8	31.8	9.3	1.8	2.1	97.0
5	文化与教育	18.6	58.9	15.9	3.6	2.1	0.9	108.7
6	国家经济发展	23.1	57.1	11.7	4.2	1.2	2.7	111.1
7	农业发展	11.4	47.1	26.7	10.2	2.1	2.4	95.0
8	生产适用技术	17.7	34.2	31.8	11.1	1.8	3.3	96.0
9	体育与娱乐	27.0	45.6	20.1	3.9	1.5	1.8	111.8
10	公共安全	22.2	58.0	15.0	2.1	1.8	0.9	112.6
11	节约资源能源	18.6	51.7	18.6	6.0	2.1	3.0	104.0

（四）岱山县公民对科学技术信息的感兴趣程度

表 3-24 显示，岱山县公民对科学技术信息的感兴趣程度测试，在 B1 的 11 个科学技术知识与进展方面的选项，非常感兴趣和感兴趣的，国家经济发展和医学新进展选项均在 79.8%，科学新发现、新发明和新技术选项均在 78.3%，文化与教育、生产适用技术、公共安全、农业发展、体育与娱乐和国际与外交政策选项分别占 77.5%、73.6%、73.5%、72.3%、72% 和 70.7%；不感兴趣在 5.1%~9.1% 之间；完全不感兴趣，科学新发现、新发明和新技术、医学新进展和国际与外交政策选项均为 0%，其余 7 项选择在 0.4%~1.2% 之间。

岱山县公民对科学技术信息的兴趣较高，在 11 个选项中，非常感兴趣和感兴趣的选 70% 及以上的有 10 项，只有节约资源能源选项占 69.5%。对科学技术信息的感兴趣程度的响应指数较高，11 项响应指数在 108.97%~123.69% 之间。

表 3-24　岱山县公民对科学技术信息的感兴趣程度　　　　　单位（%）

题序	B1 选项	非常感兴趣	感兴趣	无所谓	不感兴趣	完全不感兴趣	不清楚不了解	响应指数
1	科学新发现	44.7	33.6	16.2	5.1	0.0	0.4	123.69
2	新发明和新技术	26.5	51.8	15.0	5.9	0.0	0.8	113.71
3	医学新进展	30.0	49.8	13.8	5.1	0.0	1.2	116.13
4	国际与外交政策	29.2	41.5	18.6	9.1	0.0	1.6	110.50
5	文化与教育	34.8	42.7	14.6	5.5	0.8	1.6	116.50
6	国家经济发展	42.3	37.5	12.6	5.1	1.2	1.2	120.72
7	农业发展	38.3	34.0	16.6	9.1	0.8	1.2	114.57
8	生产适用技术	28.9	44.7	15.4	7.5	0.8	2.8	110.48
9	体育与娱乐	36.8	35.2	15.8	9.1	0.4	2.8	113.35
10	公共安全	34.4	39.1	15.4	7.9	0.4	2.8	113.38
11	节约资源能源	32.0	37.5	16.2	9.1	0.8	4.3	108.97

（五）嵊泗县公民对科学技术信息的感兴趣程度

表 3-25 显示，嵊泗县公民对科学技术信息的感兴趣程度测试，在 B1 的 11 个科学技术知识与进展方面的选项，非常感兴趣和感兴趣的，国家经济发展、节约资源能源和公共安全选项分别占 92.5%、90.7% 和 90%，生产适用技术选项分别占 78.8%，其余 6 项选项在 80.1%~89.4% 之间；不感兴趣在 0.6%~6.9% 之间；完全不感兴趣，11 个选项，除生产适用技术占 0.6%，其他 10 项选项均为 0%。

嵊泗县公民对科学技术信息的兴趣较高，在 11 个选项中，非常感兴趣和感兴趣的选择在 80% 及以上的有 10 项，1 项选项占 78.8%。对科学技术信息感兴趣程度的响应指数较高，11 项响应指数在 111.76%~126.99% 之间。

表 3-25　嵊泗县公民对科学技术信息的感兴趣程度　　　　单位（%）

题序	B1 选项	非常感兴趣	感兴趣	无所谓	不感兴趣	完全不感兴趣	不清楚不了解	响应指数
1	科学新发现	33.8	51.9	10.0	3.1	0.0	1.3	120.81
2	新发明和新技术	27.5	56.3	8.8	3.8	0.0	3.8	115.25
3	医学新进展	37.5	48.8	5.6	5.0	0.0	3.1	120.15
4	国际与外交政策	26.3	53.8	10.6	6.9	0.6	1.9	111.76
5	文化与教育	36.9	52.5	7.5	3.1	0.0	0.0	123.85
6	国家经济发展	36.9	55.6	5.6	0.6	0.0	1.3	125.69
7	农业发展	30.6	51.9	13.8	2.5	0.0	1.3	119.05
8	生产适用技术	29.4	49.4	15.6	2.5	0.6	2.5	116.18
9	体育与娱乐	34.4	50.6	13.1	1.9	0.0	0.0	122.68
10	公共安全	40.0	50.0	8.8	1.3	0.0	0.0	126.99
11	节约资源能源	41.3	49.4	6.3	2.5	0.0	0.6	126.46

（六）舟山市城镇公民对科学技术信息的感兴趣程度

表 3-26 显示，舟山市城镇公民对科学技术信息的感兴趣程度测试，在 B1 的 11 个科学技术知识与进展方面的选项，非常感兴趣和感兴趣的，医学新进展和公共安全选项均为 84.7%，农业发展和生产适用技术选项分别占 56% 和 51.2%。不感兴趣选项在 1.8%~10.3% 之间；完全不感兴趣，在 0%~1.8% 之间。

舟山市城镇公民对科学技术信息的兴趣较高，在 11 个选项中，非常感兴趣和感兴趣的选择在 70% 及以上的有 7 项。对科学技术信息感兴趣程度的响应指数较高，11 项响应指数在 93.85%~119.02% 之间。

表 3-26　舟山市城镇公民对科学技术信息的感兴趣程度　　　　单位（%）

题序	B1 选项	非常感兴趣	感兴趣	无所谓	不感兴趣	完全不感兴趣	不清楚不了解	响应指数
1	科学新发现	27.5	43.2	20.5	5.5	0.4	2.8	111.26
2	新发明和新技术	19.7	49.8	20.6	6.0	1.2	2.7	105.77
3	医学新进展	31.0	53.7	10.2	2.7	0.0	2.4	118.84
4	国际与外交政策	20.2	40.3	27.7	8.4	0.7	2.5	103.01
5	文化与教育	28.4	55.7	11.4	2.8	1.2	0.4	116.95
6	国家经济发展	26.5	57.0	12.1	2.7	0.3	1.5	116.53
7	农业发展	16.4	39.6	30.6	9.7	1.2	2.4	98.61
8	生产适用技术	12.7	38.5	33.1	10.3	1.8	3.6	93.85
9	体育与娱乐	28.7	42.4	19.3	6.6	1.5	1.5	110.44
10	公共安全	30.0	54.7	11.8	1.8	0.7	0.9	119.02
11	节约资源能源	28.4	47.7	17.2	4.5	0.4	1.8	114.22

（七）舟山市非城镇公民对科学技术信息的感兴趣程度

表 3-27 显示，舟山市非城镇公民对科学技术信息的感兴趣程度测试，在 B1 的 11 个科学技术知识与进展方面的选项，非常感兴趣和感兴趣的，国家经济发展、文化与教育、医学新进展、体育与娱乐、科学新发现和公共安全选项分别占 77.6%，76.7%、74.7%、71.4%、71.2% 和 70.8%，不感兴趣在 5.9%~10.8% 之间；完全不感兴趣、新发明和新技术、医学新进展和国际与外交政策选项均为 0%，其余 7 项选择在 0.7%~2.8% 之间。

舟山市非城镇公民对科学技术信息的兴趣较高，在 11 个选项中，非常感兴趣和感兴趣的选 70% 及以上的有 6 项。对科学技术信息感兴趣程度的响应指数较高，11 项响应指数在 98.04%~113.20% 之间。

表 3-27　舟山市非城镇公民对科学技术信息的感兴趣程度　　　　单位（%）

题序	B1 选项	非常感兴趣	感兴趣	无所谓	不感兴趣	完全不感兴趣	不清楚不了解	响应指数
1	科学新发现	25.8	45.4	19.0	6.5	1.2	2.1	109.12
2	新发明和新技术	20.2	48.3	19.8	8.7	0.9	2.1	104.41
3	医学新进展	26.4	48.3	16.3	5.9	0.7	2.3	111.10
4	国际与外交政策	18.8	41.4	25.5	9.4	1.7	3.3	99.71
5	文化与教育	27.2	49.4	14.8	5.9	1.2	1.5	111.74
6	国家经济发展	31.1	46.5	13.1	6.2	1.5	1.6	113.20
7	农业发展	23.7	41.7	22.2	9.2	2.1	1.1	104.18
8	生产适用技术	20.3	38.8	24.5	10.8	2.8	2.7	98.04
9	体育与娱乐	30.2	41.2	17.4	7.3	1.5	2.3	110.18
10	公共安全	28.6	42.2	18.5	6.5	1.5	2.7	109.69
11	节约资源能源	25.6	42.8	19.1	7.2	2.1	3.2	106.07

四、舟山市公民对各类科技发展信息感兴趣的排序

（一）舟山市公民对各类科技发展信息感兴趣的排序

表 3-28 显示：舟山市公民对各类科技发展信息感兴趣的排序，第一是医疗与健康，舟山市公民对各类科技发展信息感兴趣首选医疗与健康是 65%，其次选择感兴趣是 14.1%，第三选择感兴趣是 8.1%。排序指数是 77.12%。第二是经济学与社会发展，舟山市公民对各类科技发展信息感兴趣首选经济学与社会发展是 9.1%，其次选择感兴

趣是 22.7%，第三选择感兴趣是 16.7%。排序指数是 29.81%。第三是计算机与网络，舟山市公民对各类科技发展信息感兴趣首选经济学与社会发展是 9.2%，其次选择感兴趣是 14.9%，第三选择感兴趣是 9.3%。排序指数是 22.27。第四是军事与国防，舟山市公民对各类科技发展信息感兴趣首选军事与国防是 7.0%，其次选择感兴趣是 13.3%，第三选择感兴趣是 14.3%。排序指数是 20.64%。第五是环境科学与污染治理，舟山市公民对各类科技发展信息感兴趣首选环境科学与污染治理是 3.6%，其次选择感兴趣是 16.6%，第三选择感兴趣是 16.4%。响应指数是 20.19%。

在信息化时代，舟山市公民关心的是健康，关注的是经济学与社会发展，关注着计算机与网络，关注社会环境科学与污染治理问题。

表 3-28　舟山市公民对各类科技发展信息感兴趣排序　　　单位（%）

题序	B2 选项	首选	其次	第三	排序指数	序
1	医疗与健康	65.0	14.1	8.1	77.12	1
2	材料科学与纳米技术	1.5	4.4	4.4	5.97	8
3	计算机与网络	9.2	14.9	9.3	22.27	3
4	经济学与社会发展	9.1	22.7	16.7	29.81	2
5	环境科学与污染治理	3.6	16.6	16.4	20.19	5
6	军事与国防	7.0	13.3	14.3	20.64	4
7	天文学与空间探索	1.4	3.5	4.9	5.38	9
8	人文学科	2.3	3.2	8.5	7.29	6
9	遗传学与转基因技术	0.3	2.2	5.8	3.70	10
10	其他	0.5	0.4	6.8	1.08	11
11	没有感兴趣的了	3.8	0.6	6.8	6.51	7

备注：人文学科（历史、文学、宗教等），以下类同。

（二）舟山市不同性别公民对各类科技发展信息感兴趣的排序

表 3-29 显示：舟山市不同性别公民对各类科技发展信息感兴趣的排序，第一是医疗与健康，男公民和女公民对各类科技发展信息感兴趣首选医疗与健康分别是 56.9%和71.3%，其次选择感兴趣分别是 16.3%和 12.4%，第三选择感兴趣分别是 10.6%和 6.1%，排序指数分别是 71.29%和 81.64%。第二是经济学与社会发展，男公民和女公民对各类科技发展信息感兴趣首选经济学与社会发展分别是 11.4%和 7.3%，其次选择感兴趣分别是 24%和 21.7%，第三选择感兴趣分别是 15.3%和 17.8%，排序指数分别是 32.51%和27.72%。第三、第四和第五，分别是计算机与网络，军事与国防和环境科学与污染治理。

从不同性别公民对各类科技发展信息感兴趣的排序看，舟山市男性公民对各类科技发展信息感兴趣明显高于女性公民的是：经济学与社会发展和军事与国防。经济学与社会发展男性公民首选是 11.4%，排列指数是 32.51；女性公民首选是 7.3%，排列指数是 27.72%，首选男性公民高于女性公民 4.1 个百分点， 排列指数男性公民高于女性公民 4.72%。军事与国防男性公民首选是 11.4%，排列指数是 28.61；女性公民首选是 3.6%，排列指数是 14.46%，首选男性公民高于女性公民 7.8 个百分点， 排列指数男性公民高于女性公民 14.15%。

舟山市女性公民对各类科技发展信息感兴趣明显高于男性公民的是医疗与健康和计算机与网络，医疗与健康女性公民首选是 71.3%，排列指数是 81.64；男性公民首选是 56.9%，排列指数是 71.29%，首选女性公民高于男性公民 14.4 个百分点，排列指数性女公民高于男性公民 10.35%。计算机与网络女性公民首选是 8.2%，排列指数是 23.18%；男性公民首选是 10.5%，排列指数是 21.11%，首选男性公民高于女性公民 2.3 个百分点，排列指数女性公民高于男性公民 2.07%。

舟山市不同性别公民对各类科技发展信息感兴趣存在着差异，男性公民更多的是关注的经济学与社会发展，关心着军事与国防的国内外大事。女性公民更多的是关注的医疗与健康问题。

表 3-29　舟山市不同性别公民对各类科技发展信息感兴趣的排序　　　单位（%）

题序	B2 选项	男					女				
		首选	其次	第三	排序指数	序	首选	其次	第三	排序指数	序
1	医疗与健康	56.9	16.3	10.6	71.29	1	71.3	12.4	6.1	81.64	1
2	材料科学与纳米技术	1.8	3.7	3.9	5.60	9	1.3	5.0	4.8	6.25	8
3	计算机与网络	10.5	11.6	8.8	21.11	4	8.2	17.6	9.7	23.18	3
4	经济学与社会发展	11.4	24.0	15.3	32.51	2	7.3	21.7	17.8	27.72	2
5	环境科学与污染治理	4.3	14.6	14.9	19.05	5	3.1	18.2	17.6	21.07	4
6	军事与国防	11.4	17.9	15.9	28.61	3	3.6	9.8	13.0	14.46	5
7	天文学与空间探索	1.7	3.7	5.5	6.01	7	1.2	3.3	4.4	4.90	9
8	人文学科	1.4	2.2	8.6	5.70	8	3.0	4.1	8.5	8.52	6
9	遗传学与转基因技术	0.3	0.9	5.9	2.88	10	0.4	3.1	5.7	4.34	10
10	其他	0.5	0.3	1.0	0.98	11	0.6	0.5	0.7	1.15	11
11	没有感兴趣的了	4.3	0.3	5.1	6.21	6	3.5	0.8	8.1	6.73	7

（三）舟山市城乡公民对各类科技发展信息感兴趣的排序

表 3-30 显示：舟山市城乡公民对各类科技发展信息感兴趣的排序，第一是医疗与健康，城镇公民和非城镇公民对各类科技发展信息感兴趣首选医疗与健康分别是 71.3% 和 59.5%，其次选择感兴趣的分别是 12.4% 和 15.4%，第三选择感兴趣的分别是 6.1% 和 9.5%，排序指数分别是 82.21% 和 72.95%。城镇公民排序指数比非城镇公民排序指数高 9.26%。第二是经济学与社会发展，城镇公民和非城镇公民对各类科技发展信息感兴趣首选经济学与社会发展分别是 7.3% 和 11.5%，其次选择感兴趣分别是

21.7%和 25%，第三选择感兴趣分别是 17.8%和 15.7%，排序指数分别是 25%.46%和
33.37%。城镇公民排序指数比非城镇公民排序指数低 7.91%。城镇公民和非城镇公民
对各类科技发展信息感兴趣的环境科学与污染治理选项，城镇公民排序指数高于非城
镇公民排序指数，分别是 20.78%和 19.71%，高 1.07%。对人文科学选项城镇公民排
序指数高于非城镇公民排序指数，分别是 9.41%和 5.51%，高 3.9%。对军事与国防选
项城镇公民排序指数低于非城镇公民排序指数，分别是 19.13%和 21.87%，低 2.74%。

舟山市城镇公民更多关注的是医疗与健康、环境科学与污染治理和人文学科，非
城镇公民更多关注的是经济学与社会发展和军事与国防的问题。

表 3-30　舟山市城乡公民对各类科技发展信息感兴趣的排序　　　　单位（%）

题序	B2 选项	城镇					非城镇				
		首选	其次	第三	排序指数	序	首选	其次	第三	排序指数	序
1	医疗与健康	71.3	12.4	6.1	82.21	1	59.5	15.4	9.5	72.95	1
2	材料科学与纳米技术	1.3	5.0	4.8	5.63	7	1.8	4.5	4.2	6.24	7
3	计算机与网络	8.2	17.6	9.7	23.72	3	9.8	12.2	9.4	21.09	4
4	经济学与社会发展	7.3	21.7	17.8	25.46	2	11.5	25.0	15.7	33.37	2
5	环境科学与污染治理	3.1	18.2	17.6	20.78	4	4.8	14.7	15.4	19.71	5
6	军事与国防	3.6	9.8	13.0	19.13	5	8.3	13.5	13.7	21.87	3
7	天文学与空间探索	1.2	3.3	4.4	4.43	8	1.7	4.2	5.0	6.16	8
8	人文学科	3.0	4.1	8.5	9.47	6	1.6	2.6	6.6	5.51	9
9	遗传学与转基因技术	0.4	3.1	5.7	3.69	10	0.6	1.8	5.6	3.71	10
10	其他	0.6	0.5	0.7	1.40	11	0.5	0.2	0.5	0.82	11
11	没有感兴趣的了	3.5	0.8	8.1	4.09	9	5.5	0.2	8.4	8.49	6

（四）舟山市不同年龄公民对各类科技发展信息感兴趣的排序

表 3-31 显示，舟山市不同年龄公民对各类科技发展信息感兴趣的排序，第一是
医疗与健康，第二是经济学与社会发展，第三是计算机与网络，第四是军事与国防，
第五是环境科学与污染治理，第六是人文科学，第七是材料科学与纳米技术。虽然不
同年龄公民关注的各类科技发展信息感兴趣是一致的，但不同年龄对各类科技发展信
息感兴趣有着明显差异

各年龄段比较：18～29 周岁年龄段更关心的是计算机与网络、人文学科和材料科
学与纳米技术。18～29 周岁年龄段的计算机与网络排序指数是 41.92%，比 30～39 周
岁排序指数的 32.88%高 9.06%，比 40～49 周岁排序指数的 21.15%高 20.79%，比 50～
59 周岁排序指数的 13.72%高 28.22%，比 60～69 周岁排序指数的 6.64%高 35.28%；
18～29 周岁年龄段的人文学科排序指数是 11.65%，比 30～39 周岁排序指数的 6.12%

高 5.53%，比 40～49 周岁排序指数的 6.86% 高 4.74%，比 50～59 周岁排序指数的 6.50% 高 5.10%，比 60～69 周岁排序指数的 7.24% 高 4.41%；18～29 周岁年龄段的材料科学与纳米技术排序指数是 8.24%，比 30～39 周岁排序指数的 5.78% 高 2.46%，比 40～49 周岁排序指数的 6.05% 高 2.19%，比 50～59 周岁排序指数的 5.28% 高 2.96%，比 60～69 周岁排序指数的 5.13% 高 3.11%。

60～69 周岁年龄段更关注的是医疗与健康，其选择医疗与健康排序指数明显高于其他四个年龄段，60～69 周岁年龄段医疗与健康排序指数是 86.88%，比 50～59 周岁排序指数的 81.91% 高 4.97%，比 40～49 周岁排序指数的 78.63% 高 4.74%，比 30～39 周岁排序指数的 71.43% 高 15.45%，比 18～29 周岁排序指数的 62.37% 高 24.51%。

30～39 周岁年龄段更关注的是环境科学与污染治理，此项五个年龄段公民对各类科技发展信息感兴趣的排序指数第一，40～49 周岁和 50～59 周岁更关注的是经济学与社会发展，此项五个年龄段公民对各类科技发展信息感兴趣的排序指数，50～59 周岁排序指数第一，40～49 周岁排序指数第二。

表 3-31　舟山市不同年龄公民对各类科技发展信息感兴趣的排序　　　　单位（%）

题序	B2 选项	18～29 周岁		30～39 周岁		40～49 周岁		50～59 周岁		60～69 周岁	
		排序指数	序	排序指数	序	排序指数	序	排序指数	序	排序指数	序
1	医疗与健康	62.37	1	71.43	1	78.63	1	81.91	1	86.88	1
2	材料科学与纳米技术	8.24	7	5.78	8	6.05	7	5.28	8	5.13	8
3	计算机与网络	41.94	2	32.88	2	21.15	3	13.72	5	6.64	7
4	经济学与社会发展	26.70	3	24.26	3	31.66	2	32.93	2	31.37	2
5	环境科学与污染治理	14.70	5	21.77	4	19.99	5	21.75	3	20.81	4
6	军事与国防	15.41	4	21.77	4	20.79	4	21.24	4	22.32	3
7	天文学与空间探索	8.24	7	6.58	6	4.01	9	5.28	8	4.37	9
8	人文学科	11.65	6	6.12	7	6.86	6	6.50	7	7.24	6
9	遗传学与转基因技术	3.94	9	4.76	9	3.72	10	3.46	10	2.41	10
10	其他	3.05	11	0.57	11	1.17	11	0.10	11	1.36	11
11	没有感兴趣的了	3.58	10	3.97	10	5.98	8	7.83	6	11.46	5

（五）舟山市不同文化程度公民对各类科技发展信息感兴趣的排序

表 3-32 显示，舟山市不同文化程度公民对各类科技发展信息感兴趣共同关注的是医疗与健康，经济学与社会发展，军事与国防，环境科学与污染治理和计算机与网络。各类科技发展信息感兴趣医疗与健康选项，小学文化程度和初中文化程度群体最多关注的是医疗与健康，排序指数分别是 87.52% 和 79.83%，大学本科及以上选择最少，排序指数 60.17%，比小学文化程度和初中文化程度群体排序指数分别低 27.35%

和 19.66%；大学本科及以上文化程度群体最多关注的是计算机与网络和人文科学，计算机与网络排序指数是 36.72%，不识字的选择最少，排序指数 8.47%，比大学本科及以上文化程度群体排序指数低 28.25%；人文科学排序指数是 16.67%，比大专文化程度公民排序指数的 5.88%高 10.79%，比高中文化程度公民排序指数的 6.33%高 10.34%，比初中文化程度公民排序指数的 7.47%高 9.2%，比小学文化程度公民排序指数的 4.66%高 12.01%，比不识字群体排序指数的 8.47%高 8.2%。

表 3-32　舟山市不同文化程度群体公民对各类科技发展信息感兴趣的排序 单位（%）

题序	B2 选项	不识字		小学		初中		高中		大学专科		大学本科及以上	
		排序指数	序	排序指数	序	排序指数	序	排序指数	序	排序指数	序	排序指数	序
1	医疗与健康	77.97	1	87.52	1	79.83	1	76.38	1	68.27	1	60.17	1
2	材料科学与纳米技术	2.26	9	3.84	9	5.29	8	7.84	6	7.31	6	6.21	8
3	计算机与网络	8.47	7	12.35	5	19.91	5	25.04	3	31.37	2	36.72	2
4	经济学与社会发展	22.03	4	31.82	2	29.96	2	29.77	2	30.48	3	28.25	3
5	环境科学与污染治理	23.16	3	22.67	3	20.11	4	21.30	4	16.76	5	16.10	s6
6	军事与国防	23.73	2	16.32	4	22.62	3	19.16	5	24.78	4	17.51	4
7	天文学与空间探索	11.30	6	4.12	8	3.37	9	6.06	7	5.35	8	11.58	7
8	人文学科	8.47	7	4.66	7	7.47	6	6.33	8	5.88	7	16.67	5
9	遗传学与基因技术	1.13	10	3.43	10	3.17	10	4.55	9	4.99	9	3.11	9
10	其他	0.00	11	0.96	11	1.06	11	0.62	11	1.78	11	2.26	10
11	没有感兴趣的了	21.47	5	12.35	5	7.21	7	2.85	10	3.03	10	1.13	11

（六）舟山市重点关注群体公民对各类科技发展信息感兴趣的排序

表 3-33 显示，舟山市重点关注群体公民对各类科技发展信息感兴趣共同关注的是医疗与健康，经济学与社会发展，军事与国防，环境科学与污染治理、计算机与网络和人文科学等。舟山市重点关注群体公民对各类科技发展信息感兴趣的差异，城镇劳动者和农民群体对各类科技发展信息感兴趣选项医疗与健康关注的最多，其排序指数分别是 78.09%和 77.03%，干部和公务员群体选择最少，排序指数 70.97%，比城镇劳动者和农民群体排序指数分别低 7.12%和 6.06%；干部和公务员在材料科学与纳米技术和军事与国防两项选择，明显高于其他群体，材料科学与纳米技术排序指数 12.90%，城镇劳动者、农民群体和其他公民群体排序指数分别是 6.68%、4.82%和 3.03%，排序指数分别低 6.22%、8.08%和 9.87%；军事与国防排序指数 23.66%，城镇劳动者、农民群体和其他公民群体排序指数分别是 20.19%、20.90%和 18.18%，排序指数分别低 3.47%、2.76%和 5.48%。其他公民群体在计算机与网络和天文学与空间探

索两项选择，明显高于其他群体，计算机与网络排序指数是 40.15%，干部和公务员、城镇劳动者和农民群体排序指数分别是 26.34%、25.25%和 18.33%，排序指数分别低 13.81%、14.09%和 21.82%；天文学与空间探索排序指数是 11.36%，干部和公务员、城镇劳动者和农民群体排序指数分别是 4.84%、5.32%和 5.14%，排序指数分别低 6.52%、6.04%和 6.22%。

表 3-33　舟山市重点关注群体公民对各类科技发展信息感兴趣的排序　　单位（%）

题序	B2 选项	干部和公务员		城镇劳动者		农民		其他	
		排序指数	序	排序指数	序	排序指数	序	排序指数	序
1	医疗与健康	70.97	1	78.09	1	77.03	1	73.48	1
2	材料科学与纳米技术	12.90	6	6.68	7	4.82	9	3.03	9
3	计算机与网络	26.34	3	25.25	2	18.33	5	40.15	2
4	经济学与社会发展	34.95	2	24.93	3	34.23	2	19.70	3
5	环境科学与污染治理	16.13	5	20.76	4	20.23	4	17.42	5
6	军事与国防	23.66	4	20.19	5	20.90	3	18.18	4
7	天文学与空间探索	4.84	8	5.32	8	5.14	8	11.36	6
8	人文学科	6.99	7	8.92	6	5.86	7	8.33	7
9	遗传学与转基因技术	1.61	10	4.33	10	3.33	10	3.79	8
10	其他	0.00	11	1.15	11	1.04	11	2.27	10
11	没有感兴趣的了	1.61	9	4.38	9	9.10	6	0.76	11

（七）舟山市公民对参观科普教育基地兴趣程度的排序

舟山市公民对参观科普教育基地的兴趣，表 3-34 显示，感兴趣从高到低排序是动物园、水族馆、植物园 51.5%，图书阅览室 34.3%，公共图书馆 31.5%，科技馆等科技类场馆 31.1%，自然博物馆 30.9%，科普画廊或宣传栏 30.1%，美术馆或展览馆 26.6%，科技示范点或科普活动站 24.4%，工农业生产园区 20.2%，高校和科研院所实验室 17.4%；不感兴趣从低到高排序是动物园、水族馆、植物园 9.8%，自然博物馆 16.6%，科技馆等科技类场馆 17.4%，图书阅览室 19.6%，公共图书馆 20.5%，科普画廊或宣传栏 22.3%，美术馆或展览馆 25.6%，科技示范点或科普活动站 26.5%，工农业生产园区 31.4%，高校和科研院所实验室 32%。感兴趣从高到低排序和不感兴趣从低到高排序，其顺序基本是一致的。把感兴趣和一般感兴趣的选项相加，其排序为：动物园、水族馆、植物园，科技馆等科技类场馆，自然博物馆，公共图书馆，图书阅览室，科普画廊或宣传栏，美术馆或展览馆，科技示范点或科普活动站，工农业生产园区与高校和科研院所实验室。前 6 项选项在 70%以上。

表 3-34 舟山市公民对参观科普教育基地兴趣程度排序　　　单位（%）

题序	B5 选项	感兴趣	一般	不感兴趣	不知道
1	动物园、水族馆、植物园	51.5	37.3	9.8	1.3
2	科技馆等科技类场馆	31.1	47.7	17.4	3.8
3	自然博物馆	30.9	47.9	16.6	4.6
4	公共图书馆	31.5	44.8	20.5	3.3
5	美术馆或展览馆	26.6	41.9	25.6	5.9
6	科普画廊或宣传栏	30.1	41.8	22.3	5.8
7	图书阅览室	34.3	41.2	19.6	4.9
8	科技示范点或科普活动站	24.4	40.5	26.5	8.6
9	工农业生产园区	20.2	36.3	31.4	12.0
10	高校和科研院所实验室	17.4	31.6	32.0	18.8

第四章 舟山市公民对科学技术的态度

摘 要

◆ 舟山市公民普遍认为科学技术在很大程度上影响着人们的日常生活，肯定了科学技术在人们生活中的积极作用。

◆ 舟山市公民普遍认为科技对公民的职业和就业机会有着很大的影响，这与科技发展对劳资需求、生产方式、生产力、产业结构等的影响有关，赞成率为86.6%。

◆ 舟山市公民对服务于政府部门和事业单位的职业和高智能、高技能类职业认可度较高，其中工作性质较为稳定的政府官员、教师、医生、科学家和企业家尤受青睐。

◆ 舟山市公民普遍认为科学家也应当是一名科普知识的传播者，多数公民默许科学家通过动物做实验来开展相关的科学研究，以解决人类健康问题。

◆ 舟山市公民认为科学技术对个人就业和造福后代起着重要的作用，肯定了科技发展的积极作用，反映了公民对社会发展的预期很大程度上寄希望于科技发展。

◆ 舟山市公民对于现代科学技术将给我们的后代提供更多的发展机会观点，赞成率为88.3%，对科学技术发展与职业和就业机会有关，赞成率为86.6%。

◆ 舟山市公民普遍具有一种合理、友好利用自然资源的意识，认为要尊重自然规律，合理开发与科学利用自然的观点为78.7%。

◆ 舟山市公民关注科学技术对自然和社会带来的影响，渴望更多、更有效地介入政府的科技决策中，政府应该通过举办听证会，让公众更有效地参与科技决策的多种途径观点，赞成率为85.0%。

◆ 舟山市公民对基础科学研究普遍持支持的态度，对基础科学研究不具显著的功利性，对于"尽管不能马上产生效益，但是基础科学研究是必要的，政府应该支持"观点，赞成率为83.9%。

◆ 舟山市公民对科技创新、科技进步的意义持肯定态度，对于"科学和技术的进步，将有助于治疗艾滋病和癌症等疾病"观点，赞成率为81.6%，对"公众对科技创新的理解和支持,是促进我国创新型国家建设的基础"观点,赞成率为85.9%。

◆ 舟山市公民赞成技术对环境既有好的影响,也有坏的影响的观点为80.2%。

◆ 舟山市不同性别的公民普遍认同科技对人们生活的促进作用,完全赞成和基本赞成的男性公民占90.9%、女性公民占93.6%,女性公民高于男性公民。

◆ 舟山市公民在心目中对各种职业声望的排序指数和序,男性公民认同排序是具备高度竞争性的工作、企业家、运动员、科学家、记者工作;女性公民认同排序是选择工作性质稳定的教师、医生、公务员、律师等职业。

一、舟山市公民对科学技术的看法

公民对科学技术发展的看法在很大程度上关系到公民对科学技术的理解和支持。由于科学技术的发展受经济、政治、文化、信仰,甚至公民认知程度的影响,随着社会的发展,科学技术在某个阶段可能呈现出相应的局限性,甚至负面性的影响。但是从历史的发展来看,科学技术的发展无疑会给公民带来主要是正面的、积极的影响,对公民的生活质量、工作环境等的提高起到了决定性作用。了解公民对科研人员和科研机构的看法,为进一步分析公民对科学技术的态度提供依据。公民对科研人员的看法和了解程度从一个侧面反映了公民对科学技术的关注和热爱程度。

(一)舟山市公民对科技与生活之间的关系看法

由表4–1可见,在舟山市公民对科技与生活之间的看法调查中设置了2个评测指标,每个评测指标均有6个意见选项。结果表明舟山市公民普遍认为科学技术在很大程度影响着人们的日常生活,肯定了科学技术在人们生活中的积极作用。具体而言,对于"科学技术使我们的生活更健康、更便捷、更舒适"这一观点,赞成率为92.3%,反对率仅为0.4%,持中立态度或不甚了解者占7.2%;对于"即使没有科学技术,人们也可以生活得很好"这一观点,赞成率为28.4%,反对率为45.9%,另有25.7%的公民持中立态度或对该问题不甚了解,说明公民意识到除科学技术以外还有其他重要的因素影响着人们的生活水平。

表 4-1　舟山市公民对科技与生活之间的看法　　　　　　单位（%）

序	选　　项	D1（1） 科学技术使我们的生活更 健康、更便捷、更舒适	D1（3） 即使没有科学技术，人们 也可以生活得很好
1	完全赞成	57.4	8.7
2	基本赞成	34.9	19.7
3	既不赞成也不反对	5.9	23.5
4	基本反对	0.2	27.7
5	完全反对	0.2	18.2
6	不清楚不了解	1.3	2.2

（二）公民对科技与工作之间关系的看法

由表 4-2 可见，在舟山市公民对科技与工作之间的看法调查中设置了 1 个评测指标，每个评测指标均 6 个意见选项。调查结果表明，舟山市公民认为科学技术的发展对公民的职业和就业机会有着很大的影响，这与科技发展对劳资需求、生产方式、生产力、产业结构等的影响有关，具体来说他们对"科学技术的发展与职业和就业机会的关系"这一评测指标的赞成率为 86.6%，反对率为 1.5%，另有 11.9% 的公民持中立态度或对该问题不甚了解。

表 4-2　舟山市公民对科技与工作之间的看法　　　　　　（%）

序	选　　项	D3（1） 科学技术的发展与职业和就业机会的关系
1	完全赞成	42.6
2	基本赞成	44.0
3	既不赞成也不反对	9.2
4	基本反对	0.9
5	完全反对	0.6
6	不清楚不了解	2.7

（三）公民对科技的总体看法

由表 4-3 可见，舟山市公民对于"我们过于依靠科学，而忽视了信仰"这一观点，赞成率为 33.3%，反对率为 27%，持中立态度或不甚了解者占 39.7%；对于"科学技术不解决我们面临的任何问题"这一观点，赞成率为 33.5%，反对率为 49.6%，另有 16.8% 的公民持中立态度或对该问题不甚了解；对于"科学技术既给我们带来好处也带来坏处，但好处多于坏处"这一观点，赞成率为 82.7%，反对率为 2.7%，另有 14.5% 的公民持中立态度或对该问题不甚了解。值得注意的是，在肯定科学技术的积极作用的同时，仅27%的受调查公民认为人们在认同科技的同时未忽视信仰，认为科技不能解决我们所面临的问题的公民达33.5%，说明公民对科技意义的认识存在盲区，揭示了科学技术也存在一定的负面性、局限性、滞后性、不确定性，致使公民对科学技术带来的影响持怀疑和待验证的态度。

表4-3 舟山市公民对科技的总体看法 　　　　　　　　　　　　　　　(%)

序	选项	D1（5） 我们过于依靠科学，而忽视了信仰	D2（1） 科学技术不解决我们面临的任何问题	D2（2） 科学技术既给我们带来好处也带来坏处，但好处多于坏处
1	完全赞成	10.2	13.8	36.7
2	基本赞成	23.1	19.7	46.0
3	既不赞成也不反对	34.9	14.3	12.8
4	基本反对	17.6	26.0	2.0
5	完全反对	9.4	23.6	0.7
6	不清楚不了解	4.8	2.5	1.7

二、舟山市公民对科学家和科学事业的看法

（一）舟山市公民对科学家职业的看法

由调查样本信息对 D4 和 D5 题目的响应数据进行多重响应有序统计，得到相应的排序指数和序，得到对 D4 和 D5 题目中各职业分类的分析结果，将其作为舟山市公民对科学家职业的看法的调查响应。

由表 4-4 可见，本次调查对舟山市公民心目中各种职业声望进行了排序，在 13个（类）职业或选项中，除法官外的声望由高到低序列为：教师占 33.78%、政府官员占 28.33%、科学家占 28.26%、医生占 24.61%、企业家占 21.89%、工程师占 13.46%、运动员占 9.44%、记者占 7.02%、律师占 5.54%、艺术家占 4.11%、其他职业占 2.71%、没有其他声望好的职业一项占 0.18%。

表 4-5 显示，在 13 个（类）职业或选项中，除法官外，舟山市公民期望自己的后代从事的职业响应排序指数和序为：教师占 35.78%、政府官员占 35.24%、医生占27.97%、企业家占 27.07%、科学家占 19.92%、工程师占 9.62%、运动员占 7.94%、记者占 6.59%、律师占 4.78%、艺术家占 2.83%、其他职业占 2.33%、没有其他声望好的职业一项占 0.20%。

表 4–4　舟山市公民在心目中对各种职业声望的排序　　　　单位（%）

题序	D4 选项	首选	其次	第三	排序指数	序
1	法官	0	0	0	0.00	-
2	教师	20.9	13.8	11	33.78	1
3	企业家	11.6	11.1	8.5	21.89	5
4	政府官员	18	11.5	7.9	28.33	2
5	运动员	2.9	7.2	5.2	9.44	7
6	科学家	15.7	15.1	7.6	28.26	3
7	医生	8.1	18.1	13.4	24.61	4
8	记者	2	4.1	7	7.02	8
9	工程师	4	6.4	15.5	13.46	6
10	艺术家	1.5	2	4	4.11	10
11	律师	1.3	2.4	7.7	5.54	9
12	其他职业	1.7	0.2	2.5	2.71	11
13	没有其他声望好的职业	-	0.1	0.1	0.18	12

表 4–5　舟山市公民期望自己的后代从事的职业响应排序　　　　单位（%）

题序	D5 选项	排序指数	序
1	法官	0	-
2	教师	35.78	1
3	企业家	27.07	4
4	政府官员	35.24	2
5	运动员	7.94	7
6	科学家	19.92	5
7	医生	27.97	3
8	记者	6.59	8
9	工程师	9.62	6
10	艺术家	2.83	10
11	律师	4.78	9
12	其他职业	2.33	11
13	没有其他声望好的职业	0.20	12

备注：由于本次抽样调查中所有调查问卷均未填入有关"法官"信息，以下没有再给予统计。

综上所述，舟山市公民对服务于政府部门和事业单位的职业和高智能、高技能类职业认可度较高，其中工作性质较为稳定的政教医职业、科学家、企业家尤受青睐。

（二）舟山市公民对科学家工作的认识

由表4-6可见，在舟山市公民对科学家工作认识的响应状况的调查中设置了2个评测指标，每个评测指标均有6个意见选项。调查结果表明，舟山市公民对于"科学家要参与科学传播，让公众了解科学研究的新进展"这一观点，赞成率为82%，反对率为2.2%，持中立态度或不甚了解者占15.7%；对于"如果能够帮助人类解决健康问题，应该允许科学家用动物（如：狗、猴子）做实验"这一观点，赞成率为54.9%，反对率为15.8%，另有29.2%的公民持中立态度或对该问题不甚了解。说明舟山市公民普遍认为科学家也应当是一名科普知识的传播者，多数公民默许科学家通过动物做实验来开展相关的科学研究，以解决人类健康问题。

表4-6 舟山市公民对科学家工作的认知程度　　　　　　　单位（%）

序	选　项	D2（4）科学家要参与科学传播，让公众了解科学研究的新进展	D3（3）如果能够帮助人类解决健康问题，应该允许科学家用动物（如：狗、猴子）做实验
1	完全赞成	42.9	25.6
2	基本赞成	39.1	29.3
3	既不赞成也不反对	12.3	25.5
4	基本反对	1.5	10.9
5	完全反对	0.7	4.9
6	不清楚不了解	3.4	3.7

三、舟山市公民对科学技术发展的看法

（一）舟山市公民对科技发展的期盼程度

由表4-7可见，在舟山市公民对科技发展的期待的响应状况的调查中设置了2个评测指标，每个评测指标均有6个意见选项。调查结果表明，舟山市公民对于"现代科学技术将给我们的后代提供更多的发展机会"这一观点，赞成率为88.3%，反对率为0.9%，持中立态度或不甚了解者占10.8%；对于"科学技术的发展与职业和就业机会的关系"这一观点，赞成率为86.6%，反对率为1.5%，另有11.9%的公民持中立态度或对该问题不甚了解。说明舟山市公民认为科学技术对个人就业和造福后代起着重要的作用，肯定了科技发展的积极作用，反映了公民对社会发展的预期很大程度上寄希望于科技发展。

表 4-7 舟山市公民对科技发展的期盼程度　　　　　　　　　　　单位（%）

序	选　　项	D1（2） 现代科学技术将给我们的后代 提供更多的发展机会	D3（1） 科学技术的发展与职业 和就业机会的关系
1	完全赞成	39.4	42.6
2	基本赞成	48.9	44.0
3	既不赞成也不反对	9.6	9.2
4	基本反对	0.5	0.9
5	完全反对	0.4	0.6
6	不清楚不了解	1.2	2.7

（二）舟山市公民对科技发展与自然资源的认知程度

在公民科学素质的建设中，科学发展观意味着节约资源、保护生态、改善环境、循环经济、安全生产、应急避险、健康生活、合理消费等观念、知识、方法及实践；意味着建设资源节约型、环境友好型社会以及和谐社会；意味着形成文明、健康的生活方式和工作方式。

1. 舟山市公民对 D2 问题中关于科技发展与自然资源的认知程度

由表 4-8 可见，在舟山市公民对科技发展与自然资源的响应状况的调查中设置了 2 个评测指标，每个评测指标均有 6 个意见选项。调查结果表明，舟山市公民对于"持续不断的技术应用，最终会毁掉我们赖以生存的地球"这一观点，赞成率为 38.8%，反对率为 28.6%，持中立态度或不甚了解者占 32.6%；对于"由于科学技术的进步，地球的自然资源将会用之不竭"这一观点，赞成率为 32.9%，反对率为 41.4%，另有 25.7% 的公民持中立态度或对该问题不甚了解。说明舟山市公民对于科学技术的应用对自然资源的影响认识不够清楚，在该方面尚未形成共识，揭示了科技在现实社会中产生的利弊都很明显，也揭示了科技的发展程度与资源开发现状之间存在着尖锐的矛盾。

表 4-8 舟山市公民对科技发展与自然资源的响应状况　　　　　单位（%）

序	选　　项	D2（3） 持续不断的技术应用，最终会 毁掉我们赖以生存的地球	D2（5） 由于科学技术的进步，地球 的自然资源将会用之不竭
1	完全赞成	12.8	11.8
2	基本赞成	26.0	21.1
3	既不赞成也不反对	26.8	19.9
4	基本反对	20.1	20.2
5	完全反对	8.5	21.2
6	不清楚不了解	5.8	5.8

2. 舟山市公民对 D8 "想要过上美好生活，认为应该怎样对待自然"的认知程度

由表 4-9 可见，在舟山市公民对想过美好生活要善待自然的响应状况的调查中，认为要尊重自然规律，开发利用自然的响应频率为 78.7%；认为要崇拜自然，顺从自然的选择和安排的响应频率为 13.8%；认为要最大限度的向自然索取，征服自然的响应频率为 4.3%；对该问题不知道的响应频率为 3.2%。说明舟山市公民普遍具有一种合理、友好利用自然资源的意识，而这种意识的产生也暗示了滥用科学技术对环境、资源产生了显著的负面影响，进而促使公民对科学技术进行反思。

表 4-9　舟山市公民对想过美好生活要善待自然的认知程度　　　　单位（%）

序	D8 选项	响应频率
1	崇拜自然，顺从自然的选择和安排	13.8
2	尊重自然规律，开发利用自然	78.7
3	最大限度的向自然索取，征服自然	4.3
4	不知道	3.2

（三）舟山市公民对公众参与科技决策的态度

由表 4-10 可见，在舟山市公民对公众参与科技决策的响应状况的调查中设置了 1 个评测指标，评测指标为 6 个意见选项。调查结果表明，舟山市公民对于"政府应该通过举办听证会，让公众更有效地参与科技决策的多种途径"这一观点，赞成率为 85.0%，反对率为 1.1%，持中立态度或不甚了解者占 14.0%。说明舟山市公民关注科学技术对自然和社会带来的影响，渴望更多、更有效地介入政府的科技决策中，期望更合理地利用科技成果，降低其产生的负面作用。

表 4-10　舟山市公民对公众参与科技决策的认知程度　　　　单位（%）

序	选　项	D3（5） 政府应该通过举办听证会，让公众更有效地参与科技决策的多种途径
1	完全赞成	45.0
2	基本赞成	40.0
3	既不赞成也不反对	10.6
4	基本反对	0.9
5	完全反对	0.2
6	不清楚不了解	3.4

（四）舟山市公民对基础科学研究的态度

由表 4-11 可见，在舟山市公民对基础科学研究的响应状况的调查中设置了 1 个评测指标，评测指标为 6 个意见选项。结果表明，舟山市公民对于"尽管不能马上产生效益，但是基础科学研究是必要的，政府应该支持"这一观点，赞成率为 83.9%，反对率为 0.9%，持中立态度或不甚了解者占 15.2%。说明舟山市公民对基础科学研究普遍持支持的态度，对基础科学研究不具显著的功利性，肯定了科学技术是第一生产力的内涵。

表 4-11　舟山市公民对基础科学研究的认知程度　　　　　　　单位（%）

序	选　　项	D3（4）尽管不能马上产生效益，但是基础科学研究是必要的，政府应该支持
1	完全赞成	41.6
2	基本赞成	42.3
3	既不赞成也不反对	12.0
4	基本反对	0.5
5	完全反对	0.4
6	不清楚不了解	3.2

四、舟山市公民对科技创新的态度

（一）舟山市公民对科技创新的期盼程度

由表 4-12 可见，在舟山市公民对科技创新的期待的响应状况的调查中设置了 2 个评测指标，每个评测指标均 6 个意见选项。调查结果表明，舟山市公民对于"科学和技术的进步，将有助于治疗艾滋病和癌症等疾病"这一观点，赞成率为 81.6%，反对率为 1.5%，持中立态度或不甚了解者占 16.8%；对于"公众对科技创新的理解和支持，是促进我国创新型国家建设的基础"这一观点，赞成率为 85.9%，反对率为 0.7%，另有 13.4%的公民持中立态度或对该问题不甚了解。说明舟山市公民在科学技术对疾病治疗技术的突破方面表示信任，对科技创新、科技进步的意义持肯定态度，发展科学技术是解决人类所面临难题和建设创新型国家的根本手段。

表 4-12　舟山市公民对科技创新的期盼程度　　　　　　　单位（%）

序	选　　项	D1（4）科学和技术的进步，将有助于治疗艾滋病和癌症等疾病	D3（2）公众对科技创新的理解和支持，是促进我国创新型国家建设的基础
1	完全赞成	43.6	38.4
2	基本赞成	38.0	47.5
3	既不赞成也不反对	13.4	9.4
4	基本反对	1.0	0.6
5	完全反对	0.5	0.1
6	不清楚不了解	3.4	4.0

（二）舟山市公民对科技应用的看法

1. 舟山市公民对 D6 问题的认知程度

由调查样本信息对 D6 题目的响应数据进行多重响应有序统计，得到相应的排序指数和序，得到对 D6 题目中选项的响应结果。

由表 4-13 可见，本次调查统计分析了舟山市公民对接受被推荐的新技术、新产品或新品种的可能条件选择状况，9 个测试题，其序列由高到低为：政府提倡或国家权威部门认可占 65.41%；看别人用的结果，如果大多数人都说好，我也接受占 37.91%；亲自查资料或咨询专家，确认对环境和人体没有危害占 26.65%；省钱或能赚钱占 25.55%；广告宣传和推荐占 19.52%；先自己试一试，再做决定占 18.21%；没有其他可以接受的条件占 5.88%；无论谁推荐都不接受占 0.47%；不清楚占 0.27%。说明公民对科学新技术、新产品或新品种的认同和选择在很大程度上源于政府、媒体、专家对科技新事物的肯定，同时他们对能省钱或能赚钱的及自己尝试过的科技新事物有较强的选择倾向。

表 4-13　舟山市公民对接受被推荐的新技术、新产品或新品种的选择

题序	D6 选项	排序指数（%）	序
1	政府提倡或国家权威部门认可	65.41	1
2	广告宣传和推荐	19.52	5
3	省钱或能赚钱	25.55	4
4	看别人用的结果，如果大多数人都说好，我也接受	37.91	2
5	亲自查资料或咨询专家，确认对环境和人体没有危害	26.65	3
6	先自己试一试，再做决定	18.21	6
7	无论谁推荐都不接受	0.47	8
8	不清楚	0.27	9
9	没有其他可以接受的条件	5.88	7

2. 舟山市公民对 D7 问题——有关科学技术对环境影响的认知程度

由表 4-14 可见，在舟山市公民对认同有关科学技术对环境影响的观点的响应状况的调查中，认为技术对环境既有好的影响，也有坏的影响的响应频率为 80.2%；认为技术对环境有好的影响的响应频率为 9.2%；认为技术对环境有坏的影响的响应频率为 5.0%；认为技术对环境没有任何影响的响应频率为 2.1%；对该问题不知道的响应频率为 3.6%。科技是一把双刃剑，大多数公民能辩证地看待科技的利与弊。

表 4-14　舟山市公民对认同有关科学技术对环境影响的认知程度　　单位（%）

序	D7 选项	响应频率
1	技术对环境有好的影响	9.2
2	技术对环境既有好的影响，也有坏的影响	80.2
3	技术对环境有坏的影响	5.0
4	技术对环境没有任何影响	2.1
5	不知道	3.6

（三）舟山市不同性别公民对科学技术的态度

1. 舟山市不同性别公民对科技与生活之间的关系看法

由表 4-15 可见，在不同性别公民对科技与生活之间的看法的调查中，设置了 2 个评测指标，每个评测指标均有 6 个意见选项。调查结果表明，舟山市公民在 D1（1）指标的意见反馈中，完全赞成的男性为 55.1%、女性占 59.3%，女性比男性高 4.2 个百分点；基本赞成的男性为 35.8%、女性占 34.3%，女性比男性低 1.5 个百分点；既不赞成也不反对的男性为 6.9%、女性占 5.1%，女性比男性低 1.8 个百分点；基本反对的男性为 0.3%、女性占 0.1%，女性比男性低 0.2 个百分点；完全反对的男性为 0.3%、女性占 0.1%，女性比男性低 0.2 个百分点；不清楚不了解的男性为 1.5%、女性占 1.1%，女性比男性低 0.4 个百分点；在 D1（3）指标的意见反馈中，完全赞成的男性为 8.3%、女性占 9.1%，女性比男性高 0.8 个百分点；基本赞成的男性为 23.1%、女性占 17.0%，女性比男性低 6.1 个百分点；既不赞成也不反对的男性为 23.6%、女性占 23.4%，女性比男性低 0.2 个百分点；基本反对的男性为 27.6%、女性占 27.7%，女性比男性高 0.1 个百分点；完全反对的男性为 15.3%、女性占 20.5%，女性比男性高 5.2 个百分点；不清楚不了解的男性为 2.2%、女性占 2.3%，女性比男性高 0.1 个百分点。

舟山市不同性别的公民均普遍认同科技对人们生活的促进作用，女性对此的肯定程度高于男性，女性对生活中科技带来的好处更为敏感；此外，就 D1（3）指标评测结果而言，不同性别的公民在很大程度上意识到人们生活水平的提高除了科技的促进以外还有很多其他的因素。

表 4-15　舟山市不同性别公民对科技与生活之间的看法　　单位（%）

序	选　项	D1（1）科学技术使我们的生活更健康、更便捷、更舒适		D1（3）即使没有科学技术，人们也可以生活得很好	
		男	女	男	女
1	完全赞成	55.1	59.3	8.3	9.1
2	基本赞成	35.8	34.3	23.1	17.0
3	既不赞成也不反对	6.9	5.1	23.6	23.4

（续）

序	选　项	D1（1）科学技术使我们的生活更健康、更便捷、更舒适		D1（3）即使没有科学技术，人们也可以生活得很好	
		男	女	男	女
4	基本反对	0.3	0.1	27.6	27.7
5	完全反对	0.3	0.1	15.3	20.5
6	不清楚不了解	1.5	1.1	2.2	2.3

2. 舟山市不同性别公民对科技与工作之间关系的看法

由表 4-16 可见，在不同性别公民对科技与工作之间的看法的调查中，设置了 1 个评测指标，评测指标为 6 个意见选项。调查结果表明，舟山市公民在 D3（1）指标的意见反馈中，完全赞成的男性为 43.9%、女性占 42.1%，女性比男性低 1.8 个百分点；基本赞成的男性为 40.4%、女性占 44.4%，女性比男性高 4.0 个百分点；既不赞成也不反对的男性为 12.3%、女性占 9.6%，女性比男性低 2.7 个百分点；基本反对的男性为 0.9%、女性占 1.0%，女性比男性高 0.1 个百分点；完全反对的男性为 0.6%、女性占 0.4%,女性比男性低 0.2 个百分点;不清楚不了解的男性为 1.9%、女性占 2.6%，女性比男性高 0.7 个百分点。

总的来说，对 D3（1）指标意见反馈中：赞成率男性为 84.3%，女性为 86.5%，女性比男性高 2.2 个百分点；反对率男性为 1.5%，女性为 1.4%；持中立态度或对该问题不甚了解的男性为 14.2%，女性为 12.2%，女性比男性低 2 个百分点。说明男性与女性在科技与工作之间的关系方面的认识基本统一，同时女性所从事的职业更受科技的影响。

表 4-16　舟山市不同性别公民对科技与工作之间的看法　　　　单位（%）

序	选　项	D3（1）科学技术的发展会使一些职业消失，但同时也会提供更多的就业机会	
		男	女
1	完全赞成	43.9	42.1
2	基本赞成	40.4	44.4
3	既不赞成也不反对	12.3	9.6
4	基本反对	0.9	1.0
5	完全反对	0.6	0.4
6	不清楚不了解	1.9	2.6

3. 舟山市不同性别公民对科技的总体看法

由表 4-17 可见，在不同性别公民对科技的总体看法的调查中，设置了 3 个评测指标，每个评测指标均有 6 个意见选项。调查结果表明，舟山市公民在 D1（5）指标的意见反馈中，完全赞成的男性为 10.0%、女性占 10.3%，女性比男性高 0.3 个百分点；基本赞成的男性为 24.8%、女性占 21.8%，女性比男性低 3.0 个百分点；既不赞成也不反对的男性为 35.6%、女性占 34.3%，女性比男性低 1.3 个百分点；基本反对的男性为 16.6%、女性占 18.3%，女性比男性高 1.7 个百分点；完全反对的男性为 7.2%、女性占 11.1%，女性比男性高 3.9 个百分点；不清楚不了解的男性为 5.7%、女性占 4.2%，女性比男性低 1.5 个百分点；在 D2（1）指标的意见反馈中，完全赞成的男性为 14.5%、女性占 13.3%，女性比男性低 1.2 个百分点；基本赞成的男性与女性均为 19.7%；既不赞成也不反对的男性为 12.8%、女性占 15.5%，女性比男性高 2.7 个百分点；基本反对的男性为 25.9%、女性占 26.2%，女性比男性高 0.3 个百分点；完全反对的男性为 24.5%、女性占 22.9%，女性比男性低 1.6 个百分点；不清楚不了解的男性为 2.6%、女性占 2.4%，女性比男性低 0.2 个百分点；在 D2（2）指标的意见反馈中，完全赞成的男性为 34.2%、女性占 38.6%，女性比男性高 4.4 个百分点；基本赞成的男性为 45.1%、女性占 46.7%，女性比男性高 1.6 个百分点；既不赞成也不反对的男性为 15.4%、女性占 10.8%，女性比男性低 4.6 个百分点；基本反对的男性与女性均为 2.0%；完全反对的男性为 1.1%、女性占 0.5%，女性比男性低 0.6 个百分点；不清楚不了解的男性为 2.2%、女性占 1.4%，女性比男性低 0.8 个百分点。

总的来说，科技、信仰、科技对人类所面临问题的解决和科技的利弊方面，男性与女性的认识基本一致，在此基础上男性更加强调依靠科技与注重信仰二者间的平衡，同时男性对科技弊端较女性更为敏感。

表 4-17　舟山市不同性别公民对科技的总体看法　　　　　　　单位（%）

序	选　　项	D1（5）我们过于依靠科学，而忽视了信仰		D2（1）科学技术不解决我们面临的任何问题		D2（2）科学技术既给我们带来好处也带来坏处，但好处多于坏处	
	性别分类	男	女	男	女	男	女
1	完全赞成	10.0	10.3	14.5	13.3	34.2	38.6
2	基本赞成	24.8	21.8	19.7	19.7	45.1	46.7
3	既不赞成也不反对	35.6	34.3	12.8	15.5	15.4	10.8
4	基本反对	16.6	18.3	25.9	26.2	2.0	2.0
5	完全反对	7.2	11.1	24.5	22.9	1.1	0.5
6	不清楚不了解	5.7	4.2	2.6	2.4	2.2	1.4

4. 舟山市不同性别公民对科学家职业的看法

由调查样本信息对 D4 和 D5 题目的响应数据进行多重响应有序统计，得到相应的排序指数和序，得到对 D4 和 D5 题目中各职业的分类分析结果。

由表 4-18 可见，在不同性别公民在心目中对各种职业声望的排序指数和序的调查中，13 个（类）职业中，除法官外，其他 12 个（类）职业在男性公民心目中的声望排序由高到低为：教师占 32.00%、科学家占 28.30%、政府官员占 28.09%、企业家占 25.01%、医生占 22.86%、工程师占 13.41%、运动员占 10.63%、记者占 7.65%、律师占 4.88%、艺术家占 3.60%、其他职业占 2.88%、没有其他声望好职业占 0.15%；在女性公民心目中声望排序由高到低为：教师占 35.17%、政府官员占 28.51%、科学家占 28.24%、医生占 25.97%、企业家占 19.47%、工程师占 13.50%、运动员占 8.52%、记者占 6.53%、律师占 6.05%、艺术家占 4.50%、其他职业占 2.59%、没有其他声望好职业占 0.20%。其中，各类职业声望的排序指数男女之间存在的差异主要表现为：教师女性比男性高 3.17 个百分点、企业家女性比男性低 5.63 个百分点、医生女性比男性高 3.11 个百分点、运动员女性比男性低 2.11 个百分点、记者女性比男性低 1.12 个百分点、律师女性比男性高 1.17 个百分点、艺术家女性高于男性 0.9 百分点。

由表 4-19 可见，在不同性别公民期望自己的后代从事的职业响应排序指数和序的调查中，13 个（类）职业中，除法官外，其他 12 个（类）职业在男性公民心目中的声望排序由高到低为：政府官员占 34.21%、教师占 33.90%、医生占 25.78%、企业家占 31.74%、科学家占 21.78%、运动员占 9.45%、工程师占 8.12%、记者占 6.68%、律师占 3.75%、艺术家占 2.88%、其他职业占 2.52%、没有其他声望好职业占 0.10%；在女性公民心目中的声望排序由高到低为：教师占 37.24%、政府官员占 36.04%、医生占 29.67%、企业家占 23.46%、科学家占 18.48%、工程师占 10.79%、运动员占 6.77%、记者占 6.53%、律师占 5.58%、艺术家占 2.79%、其他职业占 2.19%、没有其他声望好职业占 0.28%。其中，不同性别的公民对后代从事职业的期望的排序指数差异主要表现为：教师女性比男性高 3.34 个百分点、企业家女性比男性低 8.28 个百分点、政府官员女性比男性高 1.83 个百分点、运动员女性比男性低 2.68 个百分点、科学家女性比男性低 3.3 个百分点、医生女性比男性高 3.89 个百分点、记者女性比男性低 0.15 个百分点、工程师女性比男性高 2.67 个百分点、艺术家女性比男性低 0.09 个百分点、律师女性比男性高 1.83 个百分点。

舟山市男性公民在企业家、运动员、科学家、记者等具备高度竞争性和工作性质不确定性的职业中较女性公民更为适应，而女性公民较男性公民更倾向于选择工作性质稳定的教师、医生、公务员、律师等职业。

表 4-18　舟山市不同性别公民在心目中对各种职业声望的排序　　　单位（%）

题序	D4 选项	男					女				
		首选	其次	第三	排序指数	序	首选	其次	第三	排序指数	序
1	法官	0.0	0.0	0.0	0.00	-	0.0	0.0	0.0	0.00	-
2	教师	20.8	11.6	10.5	32.00	1	21.0	15.5	11.4	35.17	1
3	企业家	13.6	12.2	10.0	25.01	4	10.2	10.3	7.4	19.47	5
4	政府官员	17.6	12.0	7.6	28.09	3	18.4	11.1	8.1	28.51	2
5	运动员	3.5	7.6	6.2	10.63	7	2.4	6.9	4.5	8.52	7
6	科学家	14.2	17.6	7.2	28.30	2	16.8	13.1	7.9	28.24	3

（续）

题序	D4 选项	男					女				
		首选	其次	第三	排序指数	序	首选	其次	第三	排序指数	序
7	医生	6.8	17.3	13.7	22.86	5	9.1	18.8	13.1	25.97	4
8	记者	2.9	3.5	7.1	7.65	8	1.2	4.5	6.9	6.53	8
9	工程师	3.9	6.2	16.3	13.41	6	4.2	6.6	14.8	13.50	6
10	艺术家	1.7	1.7	2.3	3.60	10	1.3	2.2	5.3	4.50	10
11	律师	1.2	1.8	7.2	4.88	9	1.4	2.9	8.1	6.05	9
12	其他职业	2.0	0.0	2.6	2.88	11	1.6	0.4	2.4	2.59	11
13	没有其他声望好职业	-	0.2	0.0	0.15	12	-	0.1	0.2	0.20	12

表 4-19　舟山市不同性别公民期望自己的后代从事的职业认知排序　　单位（%）

题序	D5 选项	男		女	
		排序指数	序	排序指数	序
1	法官	0.00	-	0.00	-
2	教师	33.90	2	37.24	1
3	企业家	31.74	4	23.46	4
4	政府官员	34.21	1	36.04	2
5	运动员	9.45	6	6.77	7
6	科学家	21.78	5	18.48	5
7	医生	25.78	3	29.67	3
8	记者	6.68	8	6.53	8
9	工程师	8.12	7	10.79	6
10	艺术家	2.88	10	2.79	10
11	律师	3.75	9	5.58	9
12	其他职业	2.52	11	2.19	11
13	没有其他声望好职业	0.10	12	0.28	12

5. 舟山市不同性别公民对科学家工作的认知程度

由表 4-20 可见，在不同性别公民对科学家工作的认识的响应状况的调查中，设置了 2 个评测指标，每个评测指标均有 6 个意见选项。调查结果表明，舟山市公民在 D2（4）指标的意见反馈中，完全赞成的男性为 41.3%、女性占 44.2%，女性比男性高 2.9 个百分点；基本赞成的男性为 37.9%、女性占 40.0%，女性比男性高 2.1 个百分点；既不赞成也不反对的男性为 13.6%、女性占 11.4%，女性比男性低 2.2 个百分点；基本反对的男性为 2.2%、女性占 1.0%，女性比男性低 1.2 个百分点；完全反对的男性为 1.1%、女性占 0.5%，女性比男性低 0.6 个百分点；不清楚不了解的男性为 4.0%、女性占 3.0%，女性比男性低 1.0 个百分点；在 D3（3）指标的意见反馈中，完全赞成的男性为 29.5%、女性占 26.6%，女性比男性低 2.9 个百分点；基本赞成的男性为 26.9%、女性占 27.0%，女性比男性高 0.1 个百分点；既不赞成也不反对的男性为 27.1%、女性占 25.7%，女性比男性低 1.4 个百分点；基本反对的男性为 9.3%、女性占 11.5%，女性比男性高 2.2 个百分点；完全反对的男性为 4.9%、女性占 5.1%，女性比男性高 0.2 个百分点；不清楚不了解的男性为 2.2%、女性占 4.1%，女性比男性高 1.9 个百分点。总的来说，不同性别公民对科学家工作的认识基本相同，其差异主要表现为：对于 D2（4）评测指标，赞成率男性为 79.2%，女性为 84.2%，女性比男性高 5 个百分点；反对率男性为 3.3%，女性为 1.5%，女性比男性低 1.8 个百分点；持中立态度或对该问题不甚了解者，男性占 17.6%，女性占 14.4%，女性比男性低 3.2 个百分点。对于 D3（3）指标，赞成率男性为 56.4%，女性为 53.6%，女性比男性低 2.8 个百分点；反对率男性为 14.2%，女性为 16.6%，女性比男性高 2.4 个百分点；持中立态度或对该问题不甚了解者，男性占 29.3%，女性占 29.8%。说明女性更渴望科技产物的惠及，更敏感于科技带来的好处，但在动物实验方面又表现出较强的同情心，进一步印证了女性更加关注科技之利，而对科技弊端有所回避，即只想看到好处而不愿看到坏处。

表 4-20　舟山市不同性别公民对科学家工作的认知程度　　　　单位（%）

序	选　　项	D2（4）科学家要参与科学传播，让公众了解科学研究的新进展		D3（3）如果能够帮助人类解决健康，应该允许科学家用动物（如：狗、猴子）做实验	
		男	女	男	女
1	完全赞成	41.3	44.2	29.5	26.6
2	基本赞成	37.9	40.0	26.9	27.0
3	既不赞成也不反对	13.6	11.4	27.1	25.7
4	基本反对	2.2	1.0	9.3	11.5
5	完全反对	1.1	0.5	4.9	5.1
6	不清楚不了解	4.0	3.0	2.2	4.1

（四）舟山市不同性别公民对科学技术发展的认知程度

1. 舟山市不同性别公民对科技发展的期盼程度

由表 4-21 可见，在不同性别公民对科技发展的期待的响应状况的调查中，设置了 2 个评测指标，每个评测指标均有 6 个意见选项。调查结果表明，舟山市公民在 D1（2）指标的意见反馈中，完全赞成的男性为 36.2%、女性占 41.8%，女性比男性高 5.6 个百分点；基本赞成的男性为 49.9%、女性占 48.0%，女性比男性低 1.9 个百分点；既不赞成也不反对的男性为 11.4%、女性占 8.2%，女性比男性低 3.2 个百分点；基本反对的男性为 0.3%、女性占 0.7%，女性比男性高 0.4 个百分点；完全反对的男性为 0.6%、女性占 0.2%，女性比男性低 0.4 个百分点；不清楚不了解的男性为 1.5%、女性占 1.0%，女性比男性低 0.5 个百分点；在 D3（1）指标的意见反馈中，完全赞成的男性为 43.9%、女性占 42.1%，女性比男性低 1.8 个百分点；基本赞成的男性为 40.4%、女性占 44.4%，女性比男性高 4.0 个百分点；既不赞成也不反对的男性为 12.3%、女性占 9.6%，女性比男性低 2.7 个百分点；基本反对的男性为 0.9%、女性占 1.0%，女性比男性高 0.1 个百分点；完全反对的男性为 0.6%、女性占 0.4%，女性比男性低 0.2 个百分点；不清楚不了解的男性为 1.9%、女性占 2.6%，女性比男性高 0.7 个百分点。总言之，不同性别的公民对科技发展的期待基本一致，认可科技对人们及后代的职业、就业和发展起到重要的促进作用，就 D3（1）项的赞成率来说，男性为 84.3%，女性为 86.5%，女性高于男性 2.2 个百分点，说明女性所从事的职业和就业更易受科技发展的影响。

表 4-21　舟山市不同性别公民对科技发展的期盼程度　　　　　单位（%）

序	选　　项	D1（2）现代科学技术将给我们的后代提供更多的发展机会		D3（1）科学技术的发展会使一些职业消失，但同时也会提供更多的就业机会	
		男	女	男	女
1	完全赞成	36.2	41.8	43.9	42.1
2	基本赞成	49.9	48.0	40.4	44.4
3	既不赞成也不反对	11.4	8.2	12.3	9.6
4	基本反对	0.3	0.7	0.9	1.0
5	完全反对	0.6	0.2	0.6	0.4
6	不清楚不了解	1.5	1.0	1.9	2.6

2. 舟山市不同性别公民对科技发展与自然资源的认知程度

一是公民对 D2 问题中关于科技发展与自然资源的认知程度。由表 4-22 可见，在不同性别公民对科技发展与自然资源的响应状况的调查中，设置了 2 个评测指标，每个评测指标均有 6 个意见选项。调查结果表明，舟山市公民在 D2（3）指标的意见反馈中，完全赞成的男性为 12.0%、女性占 13.4%，女性比男性高 1.4 个百分点；基本赞成的男性为 26.8%、女性占 25.4%，女性比男性低 1.4 个百分点；既不赞成也不反对的男性为 28.0%、女性占 25.8%，女性比男性低 2.2 个百分点；基本反对的男性为 20.3%、女性占 20.0%，女性比男性低 0.3 个百分点；完全反对的男性为 7.6%、女性占 9.2%，女性比男性高 1.6 个百分点；不清楚不了解的男性为 5.2%、女性占 6.2%，女性比男性高 1.0 个百分点；在 D2（5）指标的意见反馈中，完全赞成的男性为 10.5%、女性占 12.9%，女性比男性高 2.4 个百分点；基本赞成的男性为 22.7%、女性占 20.0%，女性比男性低 2.7 个百分点；既不赞成也不反对的男性为 21.9%、女性占 18.3%，女性比男性低 3.6 个百分点；基本反对的男性为 21.0%、女性占 19.6%，女性比男性低 1.4 个百分点；完全反对的男性为 19.0%、女性占 22.9%，女性比男性高 3.9 个百分点；不清楚不了解的占男性的 5.1%、女性占 6.3%，女性比男性高 1.2 个百分点。总的来说不同性别的公民对科技发展与自然资源之间关系的认识基本一致，但均缺乏深刻、科学的认识，致使赞成率、反对率、中立态度比率都占有很大的比重，说明公民在科学技术对资源的影响方面持怀疑的态度，也间接反映出了科技对资源印象的不确定性。从对两指标的反对率来说，女性均高于男性，说明女性较男性在科技的发展对资源的影响方面更为乐观。

表 4-22　舟山市不同性别公民对科技发展与自然资源的认知程度　　单位（%）

序	选　项	D2（3）持续不断的技术应用，最终会毁掉我们赖以生存的地球		D2（5）由于科学技术的进步，地球的自然资源将会用之不竭	
		男	女	男	女
1	完全赞成	12.0	13.4	10.5	12.9
2	基本赞成	26.8	25.4	22.7	20.0
3	既不赞成也不反对	28.0	25.8	21.9	18.3
4	基本反对	20.3	20.0	21.0	19.6
5	完全反对	7.6	9.2	19.0	22.9
6	不清楚不了解	5.2	6.2	5.1	6.3

二是公民对 D8 问题"想要过上美好生活，认为我们应该怎样对待自然？"的认知程度。由表 4-23 可见，在不同性别公民对想过美好生活要善待自然的响应状况的调查分析中，认为要崇拜自然，顺从自然的选择和安排的男性占 15.1%，女性占 12.8%，女性比男性低 2.3 个百分点；认为要尊重自然规律，开发利用自然的男性占 75.8%，女性占 80.9%，女性比男性高 5.1 个百分点；认为要最大限度的向自然索取，征服自然的男性占 6.3%，女性占 2.7%，女性比男性低 3.6 个百分点；不知道的男性占 2.8%，女性占 3.6%，女性比男性高 0.8 个百分点。总言之，不同性别公民对美好生活与开发利用自然的关系有一致的认识，均具有一种合理、友好利用自然资源的意识，男性对自然的征服欲望强于女性。

表 4-23　舟山市不同性别公民对想过美好生活要善待自然的认知程度　　单位（%）

序	D8 选项	响应频率	
		男	女
1	崇拜自然，顺从自然的选择和安排	15.1	12.8
2	尊重自然规律，开发利用自然	75.8	80.9
3	最大限度的向自然索取，征服自然	6.3	2.7
4	不知道	2.8	3.6

3. 舟山市不同性别公民对公众参与科技决策的态度

由表 4-24 可见，调查结果表明，舟山市公民在 D3（5）指标的意见反馈中，完全赞成的男性为 45.8%、女性占 44.3%，女性比男性低 1.5 个百分点；基本赞成的男性为 37.8%、女性占 41.7%，女性比男性高 3.9 个百分点；既不赞成也不反对的男性为 11.7%、女性占 9.7%，女性比男性低 2.0 个百分点；基本反对的男性为 1.1%、女性占 0.8%，女性比男性低 0.3 个百分点；完全反对的男性为 0.3%、女性占 0.1%，女性比男性低 0.2 个百分点；不清楚不了解的男性为 3.4%、女性占 3.3%，女性比男性低 0.1 个百分点。总言之，不同性别公民对参与科技决策的愿望基本一致，均表现为关心科技对人类产生的影响，渴望参与到政府科技决策之中。

表 4-24　舟山市不同性别公民对公众参与科技决策的认知程度　　　单位（%）

序	选　　项	D3（5）政府应该通过举办听证会，让公众更有效地参与科技决策的多种途径。	
		男	女
1	完全赞成	45.8	44.3
2	基本赞成	37.8	41.7
3	既不赞成也不反对	11.7	9.7
4	基本反对	1.1	0.8
5	完全反对	0.3	0.1
6	不清楚不了解	3.4	3.3

4. 舟山市不同性别公民对基础科学研究的态度

由表 4-25 可见，在不同性别公民对基础科学研究的响应状况的调查中，设置了 1 个评测指标，评测指标为 6 个意见选项。调查结果表明，舟山市公民在 D3（4）指标的意见反馈中，完全赞成的男性为 44.8%、女性占 40.0%，女性比男性低 4.8 个百分点；基本赞成的男性为 39.5%、女性占 44.4%，女性比男性高 4.9 个百分点；既不赞成也不反对的男性为 12.3%、女性占 11.6%，女性比男性低 0.7 个百分点；基本反对的男性为 0.3%、女性占 0.4%，女性比男性高 0.1 个百分点；完全反对的男性为 0.3%、女性占 0.2%，女性比男性低 0.1 个百分点；不清楚不了解的男性为 2.8%、女性占 3.3%，女性比男性高 0.5 个百分点。说明不同性别的公民对基础科学研究持基本一致的观点，即不具有明显的功利性，支持基础科学研究。

表 4-25　舟山市不同性别公民对基础科学研究的认知程度　　　单位（%）

序	选　　项	D3（4）尽管不能马上产生效益，但是基础科学研究是必要的，政府应该支持。	
		男	女
1	完全赞成	44.8	40.0
2	基本赞成	39.5	44.4

（续）

序	选　项	D3（4）尽管不能马上产生效益，但是基础科学研究是必要的，政府应该支持。	
		男	女
3	既不赞成也不反对	12.3	11.6
4	基本反对	0.3	0.4
5	完全反对	0.3	0.2
6	不清楚不了解	2.8	3.3

5. 舟山市不同性别公民对科技创新的态度

（1）舟山市不同性别公民对科技创新的期盼程度

由表4-26可见，在不同性别公民对科技创新期待的响应状况的调查中，设置了2个评测指标，每个评测指标均有6个意见选项。调查结果表明，舟山市公民在D1（4）指标的意见反馈中，完全赞成的男性为39.7%、女性占46.7%，女性比男性高7.0个百分点；基本赞成的男性为38.3%、女性占37.8%，女性比男性低0.5个百分点；既不赞成也不反对的男性为15.7%、女性占11.6%，女性比男性低4.1个百分点；基本反对的男性为1.4%、女性占0.7%，女性比男性低0.7个百分点；完全反对的男性为0.8%、女性占0.4%，女性比男性低0.4个百分点；不清楚不了解的男性为4.2%、女性占2.9%，女性比男性低1.3个百分点；在D3（2）指标的意见反馈中，完全赞成的男性为39.3%、女性占38.6%，女性比男性低0.7个百分点；基本赞成的男性为44.8%、女性占47.2%，女性比男性高2.4个百分点；既不赞成也不反对的男性为12.3%、女性占9.2%，女性比男性低3.1个百分点；基本反对的男性为0.6%、女性占0.5%，女性比男性低0.1个百分点；完全反对的男性为0.1%、女性占0.0%，女性比男性低0.1个百分点；不清楚不了解的男性为2.8%、女性占4.5%，女性比男性高1.7个百分点。总的来说，不同性别的公民对科技创新的期待具有基本一致的认识，即将人类亟待解决的难题和建设创新型国家在很大程度上寄希望于科技创新。

表4-26　舟山市不同性别公民对科技创新的期盼程度　　　　单位（%）

序	选　项	D1（4）科学和技术的进步将有助于治疗艾滋病和癌症等疾病		D3（2）公众对科技创新的理解和支持，是促进我国创新型国家建设的基础。	
		男	女	男	女
1	完全赞成	39.7	46.7	39.3	38.6
2	基本赞成	38.3	37.8	44.8	47.2
3	既不赞成也不反对	15.7	11.6	12.3	9.2
4	基本反对	1.4	0.7	0.6	0.5
5	完全反对	0.8	0.4	0.1	0.0
6	不清楚不了解	4.2	2.9	2.8	4.5

（2）舟山市不同性别公民对科技应用的看法

一是对 D6 问题的认知程度。由调查样本信息对 D6 题目的响应数据进行多重响应有序统计，得到相应的排序指数和序，得到对 D6 题目中选项的响应结果。由表 4-27 可见，在不同性别公民对接受被推荐的新技术、新产品或新品种的条件响应的排序指数的调查中，男性公民接受响应排序由高到低为：政府提倡或国家权威部门认可占 66.77%；看别人用的结果，如果大多数人都说好，我也接受占 35.13%；省钱或能赚钱占 26.76%；亲自查资料或咨询专家，确认对环境和人体没有危害占 26.14%；广告宣传和推荐占 20.75%；先自己试一试，再做决定占 17.67%；没有其他可以接受的条件占 5.70%；无论谁推荐都不接受占 0.77%；不清楚占 0.00%。在女性公民接受响应排序由高到低为：政府提倡或国家权威部门认可占 64.36%；看别人用的结果，如果大多数人都说好，我也接受占 40.06%；亲自查资料或咨询专家，确认对环境和人体没有危害占 27.04%；省钱或能赚钱占 24.61%；广告宣传和推荐占 18.56%；先自己试一试，再做决定占 18.64%；没有其他可以接受的条件占 6.01%；不清楚占 0.48%；无论谁推荐都不接受占 0.24%。

可见，不同性别公民对接受被推荐的新技术、新产品或新品种的条件响应存在一定的差异，男性比女性在政府、广告、省钱或能赚钱三因素方面更受影响，表现为排序指数男性比女性分别高 2.41、2.19 和 2.15 个百分点；相对男性来说，女性更易受现实中的使用者的影响，在该方面排序指数比男性高 4.93 个百分点。总的来说男性、女性都比较信任权威，同时女性也更加关注现实使用效果。

表 4-27　舟山市不同性别公民对接受新技术、新产品或新品种选择的排序 单位（%）

题序	D6 选项	男		女	
		排序指数	序	排序指数	序
1	政府提倡或国家权威部门认可	66.77	1	64.36	1
2	广告宣传和推荐	20.75	5	18.56	5
3	省钱或能赚钱	26.76	3	24.61	4
4	看别人用的结果，如果大多数人都说好，我也接受	35.13	2	40.06	2
5	亲自查资料或咨询专家，确认对环境和人体没有危害	26.14	4	27.04	3
6	先自己试一试，再做决定	17.67	6	18.64	6
7	无论谁推荐都不接受	0.77	8	0.24	9
8	不清楚	0.00	9	0.48	8
9	没有其他可以接受的条件	5.70	7	6.01	7

二是对 D7 问题——认同有关科学技术对环境影响的认知程度。由表 4-28 可见，在不同性别公民对认同有关科学技术对环境影响的观点的响应状况的调查分析中，认

为要技术对环境有好的影响的男性占 9.0%，女性占 9.3%，女性比男性高 0.3 个百分点；认为要技术对环境既有好的影响，也有坏的影响的男性占 80.7%，女性占 79.8%，女性比男性低 0.9 个百分点；认为要技术对环境有坏的影响的男性占 4.6%，女性占 5.3%，女性比男性高 0.7 个百分点；认为要技术对环境没有任何影响的男性占 2.6%，女性占 1.7%，女性比男性低 0.9 个百分点；不知道的男性占 3.1%，女性占 3.9%，女性比男性高 0.8 个百分点。总言之，不同性别的公民在科学技术对环境影响的问题上具有基本一致的观点，即科技对环境是一把双刃剑。

表4-28　不同性别公民对有关科学技术对环境影响的认知程度　　单位（%）

序	D7 选项	响应频率	
		男	女
1	技术对环境有好的影响	9.0	9.3
2	技术对环境既有好的影响，也有坏的影响	80.7	79.8
3	技术对环境有坏的影响	4.6	5.3
4	技术对环境没有任何影响	2.6	1.7
5	不知道	3.1	3.9

（五）舟山市城乡公民对科学技术的态度

1. 舟山市城乡公民对科技与生活之间的关系看法

由表 4-29 可见，在城乡公民对科技与生活之间的看法的调查中，设置了 2 个评测指标，每个评测指标均有 6 个意见选项。调查结果表明，舟山市公民在 D1（1）指标的意见反馈中，完全赞成的城镇为 59.9%、乡村占 55.4%，乡村比城镇低 4.5 个百分点；基本赞成的城镇为 32.3%、乡村占 37.1%，乡村比城镇高 4.8 个百分点；既不赞成也不反对的城镇为 6.6%、乡村占 5.4%，乡村比城镇低 1.2 个百分点；基本反对的城镇为 0.1%、乡村占 0.2%，乡村比城镇高 0.1 个百分点；完全反对的城镇为 0.1%、乡村占 0.2%，乡村比城镇高 0.1 个百分点；不清楚不了解的城镇为 0.9%、乡村占 1.6%，乡村比城镇高 0.7 个百分点。在 D1（3）指标的意见反馈中，完全赞成的城镇为 8.8%、乡村占 8.7%，乡村比城镇低 0.1 个百分点；基本赞成的城镇为 17.6%、乡村占 21.3%，乡村比城镇高 3.7 个百分点；既不赞成也不反对的城镇为 24.4%、乡村占 22.8%，乡村比城镇低 1.6 个百分点；基本反对的城镇为 24.5%、乡村占 30.2%，乡村比城镇高 5.7 个百分点；完全反对的城镇为 23.3%、乡村占 14.1%，乡村比城镇低 9.2 个百分点；不清楚不了解的城镇为 1.3%、乡村占 2.9%，乡村比城镇高 1.6 个百分点。

总言之，城乡公民在科技对生活的促进作用方面具有一致的认识，即对科技对生活的促进作用认可，并在很大程度上意识到生活水平的提高除了科技的进步外还受很多其他因素的影响。但是，在该问题上城乡公民之间也存在一定的差异，主要表现为乡村公民较城镇居民更认同 D1（3）观点，赞成率城镇为 26.4%、乡村为 30%，乡村高出城镇 3.6 个百分点；反对率城镇为 47.8%、乡村为 44.3%，乡村比城镇低 3.5 个百分点；这与乡镇科技普及程度不如城镇有关，城镇更多地在新科技新生事物的应用之中，城镇公民能更清晰地察觉到科技对生活的促进作用，渴望更多的科技产品、技术的开发和惠及。

表 4-29　舟山市城乡公民对科技与生活之间的看法　　　　单位（%）

序	选　　项	D1（1）科学技术使我们的生活更健康、更便捷、更舒适		D1（3）即使没有科学技术，人们也可以生活得很好	
		城镇	乡村	城镇	乡村
1	完全赞成	59.9	55.4	8.8	8.7
2	基本赞成	32.3	37.1	17.6	21.3
3	既不赞成也不反对	6.6	5.4	24.4	22.8
4	基本反对	0.1	0.2	24.5	30.2
5	完全反对	0.1	0.2	23.3	14.1
6	不清楚不了解	0.9	1.6	1.3	2.9

2. 舟山市城乡公民对科技与工作之间关系的看法

由表 4-30 可见，在城乡公民对科技与工作之间的看法的调查中，设置了 1 个评测指标，评测指标为 6 个意见选项。调查结果表明，舟山市公民在 D3（1）指标的意见反馈中，完全赞成的城镇为 43.9%、乡村占 41.5%，乡村比城镇低 2.4 个百分点；基本赞成的城镇为 40.4%、乡村占 47.0%，乡村比城镇高 6.6 个百分点；既不赞成也不反对的城镇为 12.3%、乡村占 6.6%，乡村比城镇低 5.7 个百分点；基本反对的城镇为 0.9%、乡村占 1.0%，乡村比城镇高 0.1 个百分点；完全反对的城镇与乡村均为 0.6%，乡村比城镇低 0.1 个百分点；不清楚不了解的城镇为 1.9%、乡村占 3.3%，乡村比城镇高 1.4 个百分点。

其中，对该评测指标的赞成率城镇为 84.3%，乡村为 88.5%，乡村高出城镇 4.2 个百分点，反对率几乎一致，说明乡村公民更能察觉到科技对职业、就业的影响，这与乡村公民较城镇公民受教育程度、就业难度、对科技性职业的适应能力等有关。

表 4-30　舟山市城乡公民对科技与工作之间的看法　　　　单位（%）

序	选　　项	D3（1）科学技术的发展会使一些职业消失，但同时也会提供更多的就业机会	
		城镇	乡村
1	完全赞成	43.9	41.5
2	基本赞成	40.4	47.0
3	既不赞成也不反对	12.3	6.6
4	基本反对	0.9	1.0

（续）

序	选　项	D3（1）科学技术的发展会使一些职业消失，但同时也会提供更多的就业机会	
		城镇	乡村
5	完全反对	0.6	0.6
6	不清楚不了解	1.9	3.3

3. 舟山市城乡公民对科技的总体看法

由表 4-31 可见，在城乡公民对科技的总体看法的调查中，设置了 3 个评测指标，每个评测指标均有 6 个意见选项。调查结果表明，舟山市公民在 D1（5）指标的意见反馈中，完全赞成的城镇为 11.8%、乡村占 8.8%，乡村比城镇低 3 个百分点；基本赞成的城镇为 21.2%、乡村占 24.6%，乡村比城镇高 3.4 个百分点；既不赞成也不反对的城镇为 32.9%、乡村占 36.5%，乡村比城镇高 3.6 个百分点；基本反对的城镇为 18.4%、乡村占 16.9%，乡村比城镇低 1.5 个百分点；完全反对的城镇为 11.7%、乡村占 7.6%，乡村比城镇低 4.1 个百分点；不清楚不了解的城镇为 4.0%、乡村占 5.5%，乡村比城镇高 1.5 个百分点；在 D2（1）指标的意见反馈中，完全赞成的城镇为 14.2%、乡村占 13.5%，乡村比城镇低 0.7 个百分点；基本赞成的城镇为 16.1%、乡村占 22.6%，乡村比城镇高 6.5 个百分点；既不赞成也不反对的城镇为 14.6%、乡村占 14.1%，乡村比城镇低 0.5 个百分点；基本反对的城镇为 27.5%、乡村占 24.8%，乡村比城镇低 2.7 个百分点；完全反对的城镇为 25.9%、乡村占 21.8%，乡村比城镇低 4.1 个百分点；不清楚不了解的城镇为 1.6%、乡村占 3.2%，乡村比城镇高 1.6 个百分点；在 D2（2）指标的意见反馈中，完全赞成的城镇为 38.3%、乡村占 35.4%，乡村比城镇低 2.9 个百分点；基本赞成的城镇为 45.6%、乡村占 46.4%，乡村比城镇高 0.8 个百分点；既不赞成也不反对的城镇为 12.4%、乡村占 13.1%，乡村比城镇高 0.7 个百分点；基本反对的城镇为 1.8%、乡村占 2.2%，乡村比城镇高 0.4 个百分点；完全反对的城镇为 1.3%、乡村占 0.2%，乡村比城镇低 1.1 个百分点；不清楚不了解的城镇为 0.6%、乡村占 2.7%，乡村比城镇高 2.1 个百分点。

表 4-31　舟山市城乡公民对科技的总体看法　　　　　　单位（%）

序	选　项	D1（5）我们过于依靠科学，而忽视了信仰		D2（1）科学技术不解决我们面临的任何问题		D2（2）科学技术既给我们带来好处也带来坏处，但好处多于坏处	
		城镇	乡村	城镇	乡村	城镇	乡村
1	完全赞成	11.8	8.8	14.2	13.5	38.3	35.4
2	基本赞成	21.2	24.6	16.1	22.6	45.6	46.4
3	既不赞成也不反对	32.9	36.5	14.6	14.1	12.4	13.1
4	基本反对	18.4	16.9	27.5	24.8	1.8	2.2

（续）

序	选　　项	D1（5） 我们过于依靠科学，而忽视了信仰		D2（1） 科学技术不解决我们面临的任何问题		D2（2） 科学技术既给我们带来好处也带来坏处，但好处多于坏处	
		城镇	乡村	城镇	乡村	城镇	乡村
5	完全反对	11.7	7.6	25.9	21.8	1.3	0.2
6	不清楚不了解	4.0	5.5	1.6	3.2	0.6	2.7

4. 舟山市城乡公民对科学家和科学事业的看法

（1）舟山市城乡公民对科学家职业的看法

由调查样本信息对 D4 和 D5 题目的响应数据进行多重响应有序统计，得到相应的排序指数和序，得到对 D4 和 D5 题目中各职业的分类分析结果。

由表 4-32 可见，在城乡公民心目中对各种职业声望的排序指数和序的调查中，13 个（类）职业中，除法官外，其他 12 个（类）职业在城镇公民心目中的声望排序由高到低为：科学家占 30.94%、教师占 30.89%、政府官员占 28.00%、医生占 24.41%、企业家占 21.43%、工程师占 15.05%、运动员占 9.02%、律师占 6.43%、记者占 6.18%、艺术家占 4.43%、其他职业占 1.74%、没有其他声望好职业占 0.25%；在农村公民心目中的声望排序由高到低为：教师占 36.15%、政府官员占 28.6%、科学家占 26.07%、医生占 24.77%、企业家占 22.28%、工程师占 12.16%、运动员占 9.79%、记者占 7.71%、律师占 4.81%、艺术家占 3.84%、其他职业占 3.51%、没有其他声望好职业占 0.12%。其中，各种职业声望的排序指数在城乡公民间存在差异，主要表现在教师职业上，乡村比城镇高 5.26 个百分比，企业家乡村比城镇高 0.85 个百分比，政府官员乡村比城镇高 0.6 个百分比，运动员乡村比城镇高 0.77 个百分比，科学家乡村比城镇低 4.87 个百分比，医生乡村比城镇高 0.36 个百分比，记者乡村比城镇高 1.53 个百分比，工程师乡村比城镇低 2.89 个百分比，艺术家乡村比城镇低 0.59 个百分比，律师乡村比城镇低 1.62 个百分比，其他职业乡村比城镇高 1.77 个百分比，没有其他声望好职业乡村比城镇低 0.13 个百分比。

表 4-32　舟山市城乡公民心目中对各种职业声望的排序指数和序　　　　单位（%）

题序	D4 选项	城镇					乡村				
		首选	其次	第三	排序指数	序	首选	其次	第三	排序指数	序
1	法官	0.0	0.0	0.0	0.00	-	0.0	0.0	0.0	0.00	-
2	教师	17.0	14.5	12.6	30.89	2	24.1	13.2	9.7	36.15	1
3	企业家	11.1	11.2	8.7	21.43	5	12.1	11.0	8.4	22.28	5
4	政府官员	19.4	9.3	7.2	28.00	3	16.9	13.3	8.4	28.60	2
5	运动员	1.8	8.2	5.2	9.02	7	3.8	6.4	5.3	9.79	7
6	科学家	18.8	14.6	7.0	30.94	1	13.1	15.4	8.1	26.07	3

（续）

题序	D4 选项	城镇					乡村				
		首选	其次	第三	排序指数	序	首选	其次	第三	排序指数	序
7	医生	8.2	17.3	13.9	24.41	4	8.0	18.7	13.0	24.77	4
8	记者	1.8	4.2	4.8	6.18	9	2.1	4.0	8.8	7.71	8
9	工程师	3.6	8.4	17.6	15.05	6	4.4	4.8	13.7	12.16	6
10	艺术家	1.5	2.2	4.3	4.43	10	1.5	1.7	3.7	3.84	10
11	律师	1.8	2.7	8.5	6.43	8	1.0	2.2	7.1	4.81	9
12	其他职业	0.7	0.4	2.1	1.74	11	2.6	0.0	2.8	3.51	11
13	没有其他声望好职业	-	0.1	0.3	0.25	12	-	0.1	0.0	0.12	12

由表 4-33 可见，在城乡公民期望自己的后代从事的职业响应排序指数和序的调查中，13 个（类）职业中，除法官外，其他 12 个（类）职业在城镇公民心目中的声望排序由高到低为：政府官员占 36.22%、教师占 34.68%、医生占 27.55%、企业家占 25.36%、科学家占 20.68%、工程师占 10.96%、运动员占 7.13%、记者占 6.88%、律师占 4.38%、艺术家占 2.44%、其他职业占 1.54%、没有其他声望好职业占 0.25%；在农村公民心目中的声望排序由高到低为：教师占 36.68%、企业家占 28.48%、医生占 28.32%、政府官员占 34.43%、科学家占 19.3%、运动员占 8.61%、工程师占 8.53%、记者占 6.36%、律师占 5.1%、艺术家占 3.14%、其他职业占 2.98%、没有其他声望好职业占 0.16%。其中，各种职业声望的排序指数在城乡公民间存在差异，主要表现在教师乡村比城镇高 2.00 个百分比，企业家乡村比城镇高 3.12 个百分比，政府官员乡村比城镇低 1.79 个百分比，运动员乡村比城镇高 1.48 个百分比，科学家乡村比城镇低 1.38 个百分比，医生乡村比城镇高 0.77 个百分比，记者乡村比城镇低 0.52 个百分比，工程师乡村比城镇低 2.43 个百分比，艺术家乡村比城镇高 0.70 个百分比，律师乡村比城镇高 0.72 个百分比，其他职业乡村比城镇高 1.44 个百分比，没有其他声望好职业乡村比城镇低 0.09 个百分比。

表 4-33 舟山市城乡公民期望自己的后代从事的职业选择排序　　　单位（%）

题序	D5 选项	城镇		乡村	
		排序指数	序	排序指数	序
1	法官	0.00	-	0.00	-
2	教师	34.68	2	36.68	1
3	企业家	25.36	4	28.48	2
4	政府官员	36.22	1	34.43	4
5	运动员	7.13	7	8.61	6
6	科学家	20.68	5	19.30	5

（续）

题序	D5 选项	城镇		乡村	
		排序指数	序	排序指数	序
7	医生	27.55%	3	28.32	3
8	记者	6.88%	8	6.36	8
9	工程师	10.96%	6	8.53	7
10	艺术家	2.44%	10	3.14	10
11	律师	4.38%	9	5.10	9
12	其他职业	1.54%	11	2.98	11
13	没有其他声望好职业	0.25%	12	0.16	12

（2）舟山市城乡公民对科学家工作的认知程度

由表 4-34 可见，在城乡公民对科学家工作的认识的响应状况的调查中，设置了 2 个评测指标，每个评测指标均有 6 个意见选项。调查结果表明，舟山市公民在 D2（4）指标的意见反馈中，完全赞成的城镇为 48.7%、农村占 38.2%，农村比城镇低 10.5 个百分点；基本赞成的城镇为 35.9%、农村占 41.7%，农村比城镇高 5.8 个百分点；既不赞成也不反对的城镇为 12%、农村占 12.6%，农村比城镇高 0.6 个百分点；基本反对的城镇为 1.2%、农村占 1.7%，农村比城镇高 0.5 个百分点；完全反对的城镇为 0.3%、农村占 1.1%，农村比城镇高 0.8 个百分点；不清楚不了解的城镇为 1.9%、农村占 4.7%，农村比城镇高 2.8 个百分点；在 D3（3）指标的意见反馈中，完全赞成的城镇为 29.5%、农村占 22.4%，农村比城镇低 7.1 个百分点；基本赞成的城镇为 26.9%、农村占 31.3%，农村比城镇高 4.4 个百分点；既不赞成也不反对的城镇为 27.1%、农村占 24.3%，农村比城镇低 2.8 个百分点；基本反对的城镇为 9.3%、农村占 12.3%，农村比城镇高 3.0 个百分点；完全反对的城镇与农村均为 4.9%；不清楚不了解的城镇为 2.2%、农村占 4.9%，农村比城镇高 2.7 个百分点。

表 4-34　舟山市城乡公民对科学家工作的认知程度　　　　　单位（%）

序	选项	D2（4）科学家要参与科学传播，让公众了解科学研究的新进展		D3（3）如果能够帮助人类解决健康问题，应该允许科学家用动物（如：狗、猴子）做实验	
		城镇	乡村	城镇	乡村
1	完全赞成	48.7	38.2	29.5	22.4
2	基本赞成	35.9	41.7	26.9	31.3
3	既不赞成也不反对	12.0	12.6	27.1	24.3
4	基本反对	1.2	1.7	9.3	12.3
5	完全反对	0.3	1.1	4.9	4.9
6	不清楚不了解	1.9	4.7	2.2	4.9

5. 舟山市城乡公民对科学技术发展的认知程度

（1）舟山市城乡公民对科技发展的期盼程度

表 4-35 表明，舟山市公民在 D1（2 指标的意见反馈中，完全赞成的城镇为 42.9%、农村占 36.5%，农村比城镇低 6.4 个百分点；基本赞成的城镇为 45.3%、农村占 51.8%，农村比城镇高 6.5 个百分点；既不赞成也不反对的城镇为 10.3%、农村占 9.1%，农村比城镇低 1.2 个百分点；基本反对的城镇为 0.4%、农村占 0.6%，农村比城镇高 0.2 个百分点；完全反对的城镇与农村均为 0.4%；不清楚不了解的城镇为 0.6%、农村占 1.7%，农村比城镇高 1.1 个百分点；在 D3（1）指标的意见反馈中，完全赞成的城镇为 43.9%、农村占 41.5%，农村比城镇低 2.4 个百分点；基本赞成的城镇为 40.4%、农村占 47%，农村比城镇高 6.6 个百分点；既不赞成也不反对的城镇为 12.3%、农村占 6.6%，农村比城镇低 5.7 个百分点；基本反对的城镇为 0.9%、农村占 1%，农村比城镇高 0.1 个百分点；完全反对的城镇与农村均为 0.6%；不清楚不了解的城镇为 1.9%、农村占 3.3%，农村比城镇高 1.4 个百分点。

表 4-35　舟山市城乡公民对科技发展的期盼程度　　　　　单位（%）

序	选项	D1（2）现代科学技术将给我们的后代堤供更多的发展机会		D3（1）科学技术的发展会使一些职业消失，但同时也会提供更多的就业机会	
		城镇	乡村	城镇	乡村
1	完全赞成	42.9	36.5	43.9	41.5
2	基本赞成	45.3	51.8	40.4	47.0
3	既不赞成也不反对	10.3	9.1	12.3	6.6
4	基本反对	0.4	0.6	0.9	1.0
5	完全反对	0.4	0.4	0.6	0.6
6	不清楚不了解	0.6	1.7	1.9	3.3

（2）舟山市城乡公民对科技发展与自然资源的认知程度

一是公民对 D2 问题中关于科技发展与自然资源的认知程度。表 4-36 表明，舟山市公民在 D2（3）指标的意见反馈中，完全赞成的城镇为 16.3%、农村占 9.9%，农村比城镇低 6.4 个百分点；基本赞成的城镇为 22%、农村占 29.4%，农村比城镇高 7.4 个百分点；既不赞成也不反对的城镇为 27.8%、农村占 25.9%，农村比城镇低 1.9 个百分点；基本反对的城镇为 19.3%、农村占 20.8%，农村比城镇高 1.5 个百分点；完全反对的城镇为 8.2%、农村占 8.7%，农村比城镇高 0.5 个百分点；不清楚不了解的城镇为 6.4%、农村占 5.3%，农村比城镇低 1.1 个百分点；在 D2（5）指标的意见反馈中，完全赞成的城镇为 14.8%、农村占 9.4%，农村比城镇低 5.4 个百分点；基本赞成的城镇为 20.9%、农村占 21.3%，农村比城镇高 0.4 个百分点；既不赞成也不反对的城镇为 19.7%、农村占 20%，农村比城镇低 0.3 个百分点；基本反对的城镇为 17%、农村占 22.8%，农村比城镇高 5.8 个百分点；完全反对的城镇为 22.7%、农村占 20%，农村比城镇低 2.7 个百分点；不清楚不了解的城镇为 4.8%、农村占 6.6%，农村比城镇高 1.8 个百分点。

表 4-36　舟山市城乡公民对科技发展与自然资源的认知程度　　　单位（%）

序	选　　项	D2（3）持续不断的技术应用，最终会毁掉我们赖以生存的地球		D2（5）由于科学技术的进步，地球的自然资源将会用之不竭	
		城镇	乡村	城镇	乡村
1	完全赞成	16.3	9.9	14.8	9.4
2	基本赞成	22.0	29.4	20.9	21.3
3	既不赞成也不反对	27.8	25.9	19.7	20.0
4	基本反对	19.3	20.8	17.0	22.8
5	完全反对	8.2	8.7	22.7	20.0
6	不清楚不了解	6.4	5.3	4.8	6.6

　　二是公民对 D8 问题"想要过上美好生活，认为我们应该怎样对待自然？"的认知程度。由表 4-37 可见，在城乡公民对想过美好生活要善待自然的响应状况的调查分析中，认为要崇拜自然，顺从自然的选择和安排的城镇占 10.5%，乡村占 16.5%，乡村比城镇高 6 个百分点；认为要尊重自然规律，开发利用自然的城镇占 84.2%，乡村占 74.2%，乡村比城镇低 10 个百分点；认为要最大限度的向自然索取，征服自然的城镇占 2.8%，乡村占 5.5%，乡村比城镇高 2.7 个百分点；不知道的城镇占 2.5%，乡村占 3.8%，乡村比城镇高 1.3 个百分点。

表 4-37　舟山市城乡公民对想过美好生活要善待自然的认知程度　　　单位（%）

序	D8 选项	响应频率	
		城镇	乡村
1	崇拜自然，顺从自然的选择和安排	10.5	16.5
2	尊重自然规律，开发利用自然	84.2	74.2
3	最大限度的向自然索取，征服自然	2.8	5.5
4	不知道	2.5	3.8

（3）舟山市城乡公民对公众参与科技决策的态度

　　表 4-38 表明，舟山市公民在 D3(5)指标的意见反馈中，完全赞成的城镇为 48.4%、乡村占 42.1%，乡村比城镇低 6.3 个百分点；基本赞成的城镇为 38.7%、乡村占 41%，乡村比城镇高 2.3 个百分点；既不赞成也不反对的城镇为 10.2%、乡村占 10.9%，乡村比城镇高 0.7 个百分点；基本反对的城镇为 0.4%、乡村占 1.3%，乡村比城镇高 0.9 个百分点；完全反对的城镇为 0%、乡村占 0.4%，乡村比城镇高 0.4 个百分点；不清楚不了解的城镇为 2.2%、乡村占 4.3%，乡村比城镇高 2.1 个百分点。

表 4-38　舟山市城乡公民对公众参与科技决策的认知程度　　　单位（%）

序	选　　项	D3（5）政府应该通过举办听证会，让公众更有效地参与科技决策的多种途径	
		城镇	乡村
1	完全赞成	48.4	42.1
2	基本赞成	38.7	41.0
3	既不赞成也不反对	10.2	10.9
4	基本反对	0.4	1.3
5	完全反对	0.0	0.4
6	不清楚不了解	2.2	4.3

（4）舟山市城乡公民对基础科学研究的态度

表 4-39 表明，舟山市公民在 D3（4）指标的意见反馈中，完全赞成的城镇为 44.8%、乡村占 38.9%，乡村比城镇低 5.9 个百分点；基本赞成的城镇为 39.5%、乡村占 44.7%，乡村比城镇高 5.2 个百分点；既不赞成也不反对的城镇为 12.3%、乡村占 11.9%，乡村比城镇低 0.4 个百分点；基本反对的城镇为 0.3%、乡村占 0.6%，乡村比城镇高 0.3 个百分点；完全反对的城镇为 0.3%、乡村占 0.5%，乡村比城镇高 0.2 个百分点；不清楚不了解的城镇为 2.8%、乡村占 3.4%，乡村比城镇高 0.6 个百分点。

表 4-39　舟山市城乡公民对基础科学研究的认知程度　　　单位（%）

序	选　　项	D3（4）尽管不能马上产生效益，但是基础科学研究是必要的，政府应该支持	
		城镇	乡村
1	完全赞成	44.8	38.9
2	基本赞成	39.5	44.7
3	既不赞成也不反对	12.3	11.9
4	基本反对	0.3	0.6
5	完全反对	0.3	0.5
6	不清楚不了解	2.8	3.4

6. 舟山市城乡公民对科技创新的态度

（1）舟山市城乡公民对科技创新的期盼程度

表 4-40 表明，舟山市公民在 D1（4）指标的意见反馈中，完全赞成的城镇为 51.6%、农村占 37.1%，农村比城镇低 14.5 个百分点；基本赞成的城镇为 36.8%、农村占 38.9%，农村比城镇高 2.1 个百分点；既不赞成也不反对的城镇为 8.8%、农村占 17.1%，农村比城镇高 8.3 个百分点；基本反对的城镇为 0.4%、农村占 1.5%，农村比城镇高 1.1 个百分点；完全反对的城镇为 0.6%、农村占 0.5%，农村比城镇低 0.1 个百分点；不清楚不了解的城镇为 1.6%、农村占 4.9%，农村比城镇高 3.3 个百分点；在 D3（2）指

标的意见反馈中，完全赞成的城镇为 39.3%、农村占 37.6%，农村比城镇低 1.7 个百分点；基本赞成的城镇为 44.8%、农村占 49.7%，农村比城镇高 4.9 个百分点；既不赞成也不反对的城镇为 12.3%、农村占 7%，农村比城镇低 5.3 个百分点；基本反对的城镇与农村均为 0.6%；完全反对的城镇与农村均为 0.1%；不清楚不了解的城镇为 2.8%、农村占 5%，农村比城镇高 2.2 个百分点。

表 4—40　舟山市城乡公民对科技创新的期盼程度　　　　　单位（%）

序	选　　项	D1（4）科学和技术的进步，将有助于治疗艾滋病和癌症等疾病		D3（2）公众对科技创新的理解和支持，是促进我国创新型国家建设的基础	
		城镇	乡村	城镇	乡村
1	完全赞成	51.6	37.1	39.3	37.6
2	基本赞成	36.8	38.9	44.8	49.7
3	既不赞成也不反对	8.8	17.1	12.3	7.0
4	基本反对	0.4	1.5	0.6	0.6
5	完全反对	0.6	0.5	0.1	0.1
6	不清楚不了解	1.6	4.9	2.8	5.0

（2）舟山市城乡公民对科技应用的看法

一是公民对 D6 问题的认知程度。由调查样本信息对 D6 题目的响应数据进行多重响应有序统计，得到相应的排序指数和序，得到对 D6 题目中选项的响应结果。由表 4—41 可见，在不同性别公民对接受被推荐的新技术、新产品或新品种的条件响应的排序指数的调查中，9 种（类）条件中，城镇公民接受响应排序由高到低为：政府提倡或国家权威部门认可占 66.42%；看别人用的结果，如果大多数人都说好，我也接受占 38.91%；亲自查资料或咨询专家，确认对环境和人体没有危害占 28.1%；省钱或能赚钱占 21.13%；先自己试一试，再做决定占 19.48%；广告宣传和推荐占 18.88%；没有其他可以接受的条件占 5.73%；无论谁推荐都不接受占 0.6%；不清楚占 0.6%。在乡村公民接受响应排序由高到低为：政府提倡或国家权威部门认可占 64.59%；看别人用的结果，如果大多数人都说好，我也接受占 37.09%；省钱或能赚钱占 29.17%；亲自查资料或咨询专家，确认对环境和人体没有危害占 25.46%；广告宣传和推荐占 20.03%；先自己试一试，再做决定占 17.18%；没有其他可以接受的条件占 6%；无论谁推荐都不接受占 0.37%；不清楚占 0%。其中，各种条件选择的响应排序指数在城乡公民间存在差异，主要表现在政府提倡或国家权威部门认可乡村比城镇低 1.83 个百分点；广告宣传和推荐乡村比城镇高 1.15 个百分点；省钱或能赚钱乡村比城镇高 8.04 个百分点；看别人用的结果，如果大多数人都说好，我也接受乡村比城镇低 1.82 个百分点；亲自查资料或咨询专家，确认对环境和人体没有危害乡村比城镇低 2.64 个百分点；先自己试一试，再做决定乡村比城镇低 2.3 个百分点；无论谁推荐都不接受乡村比城镇低 0.23 个百分点；不清楚乡村比城镇低 0.6 个百分点；没有其他可以接受的条件乡村比城镇高 0.27 个百分点。

表 4-41　舟山市城乡公民对接受新技术、新产品或新品种的选择排序　单位（%）

题序	D6 选项	城镇		乡村	
		排序指数	序	排序指数	序
1	政府提倡或国家权威部门认可	66.42	1	64.59	1
2	广告宣传和推荐	18.88	6	20.03	5
3	省钱或能赚钱	21.13	4	29.17	3
4	看别人用的结果，如果大多数人都说好，我也接受	38.91	2	37.09	2
5	亲自查资料或咨询专家，确认对环境和人体没有危害	28.10	3	25.46	4
6	先自己试一试，再做决定	19.48	5	17.18	6
7	无论谁推荐都不接受	0.60	8	0.37	8
8	不清楚	0.60	8	0.00	9
9	没有其他可以接受的条件	5.73	7	6.00	7

　　二是公民对 D7 问题——认同有关科学技术对环境影响的认知程度。由表 4-42 可见，在城乡公民对认同有关科学技术对环境影响的观点的响应状况的调查分析中，认为要技术对环境有好的影响的城镇占 10%，乡村占 8.4%，乡村比城镇低 1.6 个百分点；认为要技术对环境既有好的影响，也有坏的影响的城镇占 82%，乡村占 78.7%，乡村比城镇低 3.3 个百分点；认为要技术对环境有坏的影响的城镇占 2.7%，乡村占 6.9%，乡村比城镇高 4.2 个百分点；认为要技术对环境没有任何影响的城镇占 1.6%，乡村占 2.4%，乡村比城镇高 0.8 个百分点；不知道的城镇占 3.6%，乡村占 3.5%，乡村比城镇低 0.1 个百分点。

表 4-42　舟山市城乡公民对认同有关科学技术对环境影响的观点认知程度 单位（%）

序	D7 选项	响应频率	
		城镇	乡村
1	技术对环境有好的影响	10.0	8.4
2	技术对环境既有好的影响，也有坏的影响	82.0	78.7
3	技术对环境有坏的影响	2.7	6.9
4	技术对环境没有任何影响	1.6	2.4
5	不知道	3.6	3.5

（六）舟山市不同年龄公民对科学技术的态度

1. 舟山市不同年龄公民对科技与生活之间的关系看法

由表 4-43 调查结果表明，不同年龄公民对科技与生活之间的看法在 D1（1）

指标的意见反馈中，不同年龄公民对于"科学技术使我们的生活更健康、更便捷、更舒适"这一观点，18～29 周岁赞成率为 95.7%，反对率为 0%，持中立态度或不甚了解者占 4.3%；30～39 周岁赞成率为 92.5%，反对率为 1.4%，持中立态度或不甚了解者占 6.1%；40～49 周岁赞成率为 93.9%，反对率为 0.2%，持中立态度或不甚了解者占 6%；50～59 周岁赞成率为 90.3%，反对率为 0%，持中立态度或不甚了解者占 9.7%；60～69 周岁赞成率为 89.6%，反对率为 0.5%，持中立态度或不甚了解者占 9.9%。

表 4-43　舟山市不同年龄公民对科技与生活之间的看法　　　　单位（%）

序	选　　项	D1（1）科学技术使我们的生活更健康、更便捷、更舒适				
		18～29 周岁	30～39 周岁	40～49 周岁	50～59 周岁	60～69 周岁
1	完全赞成	55.9	51.7	61.2	59.8	55.2
2	基本赞成	39.8	40.8	32.7	30.5	34.4
3	既不赞成也不反对	4.3	5.4	5.3	7.3	7.2
4	基本反对	0.0	0.7	0.2	0.0	0.0
5	完全反对	0.0	0.7	0.0	0.0	0.5
6	不清楚不了解	0.0	0.7	0.7	2.4	2.7

序	选　　项	D1（3）即使没有科学技术，人们也可以生活得很好				
		18～29 周岁	30～39 周岁	40～49 周岁	50～59 周岁	60～69 周岁
1	完全赞成	16.1	6.1	8.1	8.5	7.7
2	基本赞成	15.1	19.0	18.8	21.3	23.5
3	既不赞成也不反对	25.8	25.2	21.4	22.6	24.9
4	基本反对	24.2	25.5	31.5	27.1	26.2
5	完全反对	18.8	22.8	18.4	17.4	12.7
6	不清楚不了解	0.0	1.4	1.8	3.0	5.0

2. 舟山市不同年龄公民对科技与工作之间关系的看法

由表 4-44 调查结果表明，不同年龄公民对科技与工作之间的看法在 D3（1）指标的意见反馈中，不同年龄公民对于"科学技术的发展会使一些职业消失，但同时也会提供更多的就业机会"这一观点，18～29 周岁赞成率为 91.4%，反对率为 0.5%，持中立态度或不甚了解者占 8.1%；30～39 周岁赞成率为 87.1%，反对率为 2.4%，持中立态度或不甚了解者占 10.5%；40～49 周岁赞成率为 86.7%，反对率为 1.3%，持中立态度或不甚了解者占 12.0%；50～59 周岁赞成率为 86%，反对率为 1.5%，持中立态度或不甚了解者占 12.5%；60～69 周岁赞成率为 82.8%，反对率为 1.8%，持中立态度或不甚了解者占 15.4%。

表 4-44　舟山市不同年龄公民对科技与工作之间的看法　　　单位（%）

序	选　　项	D3（1） 科学技术的发展会使一些职业消失，但同时也会提供更多的就业机会				
		18～29周岁	30～39周岁	40～49周岁	50～59周岁	60～69周岁
1	完全赞成	39.2	40.5	40.7	47.6	44.8
2	基本赞成	52.2	46.6	46.0	38.4	38.0
3	既不赞成也不反对	8.1	8.8	8.8	10.1	10.0
4	基本反对	0.5	1.7	0.2	0.9	1.8
5	完全反对	0.0	0.7	1.1	0.6	0.0
6	不清楚不了解	0.0	1.7	3.2	2.4	5.4

3. 舟山市不同年龄公民对科技的总体看法

由表 4-45 调查结果表明，不同年龄公民对科技的总体看法在 D1（1）指标的意见反馈中，不同年龄公民对于"我们过于依靠科学，而忽视了信仰"这一观点，18～29 周岁赞成率为 39.2%，反对率为 23.6%，持中立态度或不甚了解者占 37.2%；30～39 周岁赞成率为 37.8%，反对率为 28.6%，持中立态度或不甚了解者占 33.6%；40～49 周岁赞成率 30.9%，反对率为 31.6%，持中立态度或不甚了解者占 37.5%；50～59 周岁赞成率为 29.3%，反对率为 22.8%，持中立态度或不甚了解者占 47.9%；60～69 周岁赞成率为 33%，反对率为 24.5%，持中立态度或不甚了解者占 42.5%。

由表 4-45 调查结果表明，不同年龄公民对科技的总体看法在 D2（1）指标的意见反馈中，不同年龄公民对于"科学技术不解决我们面临的任何问题"这一观点，18～29 周岁赞成率为 26.3%，反对率为 62.3%，持中立态度或不甚了解者占 11.4%；30～39 周岁赞成率为 32.9%，反对率为 47.3%，持中立态度或不甚了解者占 19.8%；40～49 周岁赞成率 36.6%，反对率为 49.6%，持中立态度或不甚了解者占 13.8%；50～59 周岁赞成率为 33.8%，反对率为 47.5%，持中立态度或不甚了解者占 18.7%；60～69 周岁赞成率为 33.5%，反对率为 45.3%，持中立态度或不甚了解者占 21.2%。

由表 4-45 调查结果表明，不同年龄公民对科技的总体看法在 D2（2）指标的意见反馈中，不同年龄公民对于"科学技术既给我们带来好处也带来坏处，但好处多于坏处"这一观点，18～29 周岁赞成率为 89.8%，反对率为 0.5%，持中立态度或不甚了解者占 9.7%；30～39 周岁赞成率为 78.9%，反对率为 3.4%，持中立态度或不甚了解者占 17.7%；40～49 周岁赞成率 84.6%，反对率为 2.2%，持中立态度或不甚了解者占 13.2%；50～59 周岁赞成率为 82.6%，反对率为 3.4%，持中立态度或不甚了解者占 14%；60～69 周岁赞成率为 77.8%，反对率为 4.1%，持中立态度或不甚了解者占 18.1%。

表 4-45　舟山市不同年龄公民对科技的总体看法　　　　单位（%）

序	选　　项	D1（5）我们过于依靠科学，而忽视了信仰				
		18～29 周岁	30～39 周岁	40～49 周岁	50～59 周岁	60～69 周岁
1	完全赞成	10.2	9.2	9.6	9.8	13.1
2	基本赞成	29.0	28.6	21.3	19.5	19.9
3	既不赞成也不反对	34.4	31.6	34.0	41.8	31.2
4	基本反对	18.8	18.4	20.4	14.9	13.6
5	完全反对	4.8	10.2	11.2	7.9	10.9
6	不清楚不了解	2.7	2.0	3.5	6.1	11.3

序	选　　项	D2（1）科学技术不解决我们面临的任何问题				
		18～29 周岁	30～39 周岁	40～49 周岁	50～59 周岁	60～69 周岁
1	完全赞成	11.8	8.8	16.0	14.6	16.3
2	基本赞成	14.5	24.1	20.6	19.2	17.2
3	既不赞成也不反对	11.3	18.0	12.3	14.9	15.4
4	基本反对	34.9	22.1	24.7	27.7	24.0
5	完全反对	27.4	25.2	24.9	19.8	21.3
6	不清楚不了解	0.0	1.7	1.5	3.7	5.9

序	选　　项	D2（2）科学技术既给我们带来好处也带来坏处，但好处多于坏处				
		18～29 周岁	30～39 周岁	40～49 周岁	50～59 周岁	60～69 周岁
1	完全赞成	33.9	35.0	35.4	42.1	35.7
2	基本赞成	55.9	43.9	49.2	40.5	42.1
3	既不赞成也不反对	9.1	16.7	11.6	12.5	13.6
4	基本反对	0.0	2.0	2.0	3.0	2.3
5	完全反对	0.5	1.4	0.2	0.3	1.8
6	不清楚不了解	0.5	1.0	1.5	1.5	4.5

4. 舟山市不同年龄公民对科学家和科学事业的看法

（1）舟山市不同年龄公民对科学家职业的看法

由调查样本信息对 D4 和 D5 题目的响应数据进行多重响应有序统计，得到相应的排序指数和序，得到对 D4 和 D5 题目中各职业的分类分析结果。

由表 4-46 可见，在不同年龄公民在心目中对各种职业声望的排序指数和序的调查中，13 个（类）职业中，除法官外，其他 12 个（类）职业在 18～29 周岁公民心目中的声望排序由高到低为：政府官员占 31%、教师占 28.32%、科学家占 24.91%、企业家占 24.01%、医生占 19.89%、工程师占 15.95%、运动员占 10.22%、艺术家占 9.68%、律师占 6.45%、记者占 6.27%、其他职业占 0.54%、没有其他声望好职业占 0.54%；在 30~39 周岁公民心目中的声望排序由高到低为：科学家占 35.15%、政府官员占 29.93%、教师占 26.87%、企业家占 23.81%、医生占 22.11%、工程师占 11.79%、运动员占 9.75%、记者占 7.03%、律师占 5.56%、艺术家占 4.88%、其他职业占 1.93%、没有其他声望好职业占 0.23%；在 40~49 周岁公民心目中的声望排序由高到低为：教师占 35.81%、科学家占 26.77%、政府官员占 26.19%、医生占 24.65%、企业家占 21.15%、工程师占 14.59%、运动员占 9.63%、记者占 7.95%、律师占 5.4%、艺术家占 3.43%、其他职业占 3.43%、没有其他声望好职业占 0%；在 50~59 周岁公民心目中的声望排序由高到低为：教师占 35.87%、政府官员占 30.89%、医生占 25.51%、科学家占 25.41%、企业家占 24.8%、工程师占 12.7%、运动员占 8.44%、记者占 7.11%、律师占 4.88%、其他职业占 3.05%、艺术家占 2.44%、没有其他声望好职业占 0%；在 60~69 周岁公民心目中的声望排序由高到低为：教师占 40.27%、医生占 30.47%、科学家占 29.26%、政府官员占 24.59%、企业家占 14.78%、工程师占 12.37%、运动员占 9.5%、律师占 6.03%、记者占 5.58%、艺术家占 3.62%、其他职业占 3.62%、没有其他声望好职业占 0.45%。

表 4-46　舟山市不同年龄公民在心目中对各种职业声望的排序　　　单位（%）

题序	D4 选项	18~29 周岁		30~39 周岁		40~49 周岁		50~59 周岁		60~69 周岁	
		排序指数	序	排序指数	序	排序指数	序	排序指数	序	排序指数	序
1	法官	0.00	-	0.00	-	0.00	-	0.00	-	0.00	-
2	教师	28.32	2	26.87	3	35.81	1	35.87	1	40.27	1
3	企业家	24.01	4	23.81	4	21.15	5	24.80	5	14.78	5
4	政府官员	31.00	1	29.93	2	26.19	3	30.89	2	24.59	4
5	运动员	10.22	7	9.75	7	9.63	7	8.44	7	9.50	7
6	科学家	24.91	3	35.15	1	26.77	2	25.41	4	29.26	3
7	医生	19.89	5	22.11	5	24.65	4	25.51	3	30.47	2
8	记者	6.27	10	7.03	8	7.95	8	7.11	8	5.58	9
9	工程师	15.95	6	11.79	6	14.59	6	12.70	6	12.37	6
10	艺术家	9.68	8	4.88	10	2.77	11	2.44	11	3.62	10
11	律师	6.45	9	5.56	9	5.40	9	4.88	9	6.03	8
12	其他职业	0.54	11	1.93	11	3.43	10	3.05	10	3.62	10
13	没有声望好职业	0.54	11	0.23	12	0.00	12	0.00	12	0.45	12

由表 4-47 可见，在不同年龄公民期望自己的后代从事的职业响应的排序指数和序的调查中，13 个（类）职业中，除法官外，其他 12 个（类）职业在 18~29 周岁公民期望响应排序由高到低为：政府官员占 34.05%、教师占 32.62%、企业家占 31.9%、

医生占 21.33%、科学家占 17.92%、工程师占 11.83%、艺术家占 8.96%、律师占 7.89%、运动员占 7.71%、记者占 5.38%、其他职业占 1.08%、没有其他声望好职业占 0.54%；在 30～39 周岁公民期望响应排序由高到低为：政府官员占 37.42%、教师占 34.01%、企业家占 29.14%、医生占 28%、科学家占 21.2%、运动员占 8.62%、工程师占 8.16%、记者占 5.9%、律师占 5.33%、艺术家占 2.49%、其他职业占 1.93%、没有其他声望好职业占 0%；在 40～49 周岁公民期望响应排序由高到低为：政府官员占 34.57%、教师占 33.99%、医生占 28.52%、企业家占 27.06%、科学家占 19.99%、工程师占 9.92%、运动员占 8.39%、记者占 7.44%、律师占 4.45%、艺术家占 2.26%、其他职业占 1.97%、没有其他声望好职业占 0.29%；在 50～59 周岁公民期望响应排序由高到低为：教师占 38.21%、政府官员占 37.09%、医生占 27.85%、企业家占 26.42%、科学家占 18.39%、工程师占 9.45%、记者占 7.42%、运动员占 6.2%、律师占 3.86%、其他职业占 2.64%、艺术家占 1.73%、没有其他声望好职业占 0.2%；在 60～69 周岁公民期望响应排序由高到低为：教师占 40.87%、医生占 32.58%、政府官员占 31.98%、科学家占 22.02%、企业家占 21.27%、工程师占 9.35%、运动员占 8.9%、记者占 5.58%、其他职业占 4.22%、律师占 3.47%、艺术家占 0.91%、没有其他声望好职业占 0%。

表 4-47　舟山市不同年龄公民期望自己的后代从事的职业选择的排序　单位（%）

题序	D5 选项	18～29 周岁		30～39 周岁		40～49 周岁		50～59 周岁		60～69 周岁	
		排序指数	序	排序指数	序	排序指数	序	排序指数	序	排序指数	序
1	法官	0.00	-	0.00	-	0.00	-	0.00	-	0.00	-
2	教师	32.62	2	34.01	2	33.99	2	38.21	1	40.87	1
3	企业家	31.90	3	29.14	3	27.06	4	26.42	4	21.27	5
4	政府官员	34.05	1	37.42	1	34.57	1	37.09	2	31.98	3
5	运动员	7.71	9	8.62	6	8.39	7	6.20	8	8.90	7
6	科学家	17.92	5	21.20	5	19.99	5	18.39	5	22.02	4
7	医生	21.33	4	28.00	4	28.52	3	27.85	3	32.58	2
8	记者	5.38	10	5.90	8	7.44	8	7.42	7	5.58	8
9	工程师	11.83	6	8.16	7	9.92	6	9.45	6	9.35	6
10	艺术家	8.96	7	2.49	10	2.26	10	1.73	11	0.91	11
11	律师	7.89	8	5.33	9	4.45	9	3.86	9	3.47	10
12	其他职业	1.08	11	1.93	11	1.97	11	2.64	10	4.22	9
13	没有声望好职业	0.54	12	0.00	12	0.29	12	0.20	12	0.00	12

（2）不同年龄公民对科学家工作的认识

由表 4-48 调查结果表明，不同年龄公民对科学家工作的认识的响应状况在 D2（4）指标的意见反馈中，不同年龄公民对于"科学家要参与科学传播，让公众了解科学研究的新进展"这一观点，18～29 周岁赞成率为 88.7%，反对率为 0.5%，持中立态度或不甚了解者占 10.7%；30～39 周岁赞成率为 81.3%，反对率为 2.3%，持中立态度或不甚了解者占 16.3%；40～49 周岁赞成率 82.5%，反对率为 1.8%，持中立态度或不甚了解者占 15.8%；50～59 周岁赞成率为 81.7%，反对率为 2.7%，持中立态度或不甚了解者占 15.5%；60～69 周岁赞成率为 76.9%，反对率为 3.7%，持中立态度或不甚了解者占 19.5%。

表 4-48 舟山市不同年龄公民对科学家工作的认知程度   单位（%）

序	选　　项	D2（4）科学家要参与科学传播，让公众了解科学研究的新进展				
		18～29 周岁	30～39 周岁	40～49 周岁	50～59 周岁	60～69 周岁
1	完全赞成	44.1	36.1	44.6	46.3	42.5
2	基本赞成	44.6	45.2	37.9	35.4	34.4
3	既不赞成也不反对	10.2	13.6	12.5	12.5	11.8
4	基本反对	0.0	2.0	0.9	1.5	3.2
5	完全反对	0.5	0.3	0.9	1.2	0.5
6	不清楚不了解	0.5	2.7	3.3	3.0	7.7

序	选　　项	D3（3）如果能够帮助人类解决健康问题，应该允许科学家用动物（如：狗、猴子）做实验				
		18～29 周岁	30～39 周岁	40～49 周岁	50～59 周岁	60～69 周岁
1	完全赞成	14.0	22.2	24.6	30.2	35.3
2	基本赞成	30.6	34.1	30.5	25.0	25.8
3	既不赞成也不反对	31.2	27.3	25.4	25.3	19.0
4	基本反对	12.9	11.6	11.2	10.7	8.1
5	完全反对	9.7	4.1	4.4	3.7	5.0
6	不清楚不了解	1.6	0.7	3.9	5.2	6.8

由表 4-48 调查结果表明，不同年龄公民对科学家工作的认识的响应状况在 D3（3）指标的意见反馈中，不同年龄公民对于"如果能够帮助人类解决健康问题，应该允许科学家用动物（如：狗、猴子）做实验"这一观点，18～29 周岁赞成率为 44.6%，反对率为 22.6%，持中立态度或不甚了解者占 32.8%；30～39 周岁赞成率为 56.3%，反对率为 15.7%，持中立态度或不甚了解者占 28%；40～49 周岁赞成率 55.1%，反对率为 15.6%，持中立态度或不甚了解者占 29.3%；50～59 周岁赞成率为 55.2%，反对率为 14.4%，持中立态度或不甚了解者占 30.5%；60～69 周岁赞成率为 61.1%，反对率为 13.1%，持中立态度或不甚了解者占 25.8%。

5. 舟山市不同年龄公民对科学技术发展的认知程度

（1）舟山市不同年龄公民对科技发展期盼的程度

由表 4-49 调查结果表明，不同年龄公民对科技发展期待的响应状况在 D1（2）指标的意见反馈中，不同年龄公民对于"现代科学技术将给我们的后代提供更多的发展机会"这一观点，18～29 周岁赞成率为 91.4%，反对率为 0.5%，持中立态度或不甚了解者占 8.1%；30～39 周岁赞成率为 86.8%，反对率为 2%，持中立态度或不甚了解者占 11.2%；40～49 周岁赞成率 91.9%，反对率为 0.4%，持中立态度或不甚了解者占 7.7%；50～59 周岁赞成率为 86%，反对率为 0.3%，持中立态度或不甚了解者占 13.7%；60～69 周岁赞成率为 83.3%，反对率为 1.8%，持中立态度或不甚了解者占 15%。

表 4-49　舟山市不同年龄公民对科技发展的期盼程度　　　　单位（%）

| 序 | 选　　项 | D1（2）现代科学技术将给我们的后代提供更多的发展机会 | | | | |
		18～29 周岁	30～39 周岁	40～49 周岁	50～59 周岁	60～69 周岁
1	完全赞成	39.2	37.8	40.5	43.3	33.5
2	基本赞成	52.2	49.0	51.4	42.7	49.8
3	既不赞成也不反对	8.1	11.2	6.8	11.6	11.8
4	基本反对	0.5	1.0	0.2	0.3	0.9
5	完全反对	0.0	1.0	0.2	0.0	0.9
6	不清楚不了解	0.0	0.0	0.9	2.1	3.2

| 序 | 选　　项 | D3（1）科学技术的发展会使一些职业消失，但同时也会提供更多的就业机会 | | | | |
		18～29 周岁	30～39 周岁	40～49 周岁	50～59 周岁	60～69 周岁
1	完全赞成	39.2	40.5	40.7	47.6	44.8
2	基本赞成	52.2	46.6	46.0	38.4	38.0
3	既不赞成也不反对	8.1	8.8	8.8	10.1	10.0
4	基本反对	0.5	1.7	0.2	0.9	1.8
5	完全反对	0.0	0.7	1.1	0.6	0.0
6	不清楚不了解	0.0	1.7	3.3	2.4	5.4

由表 4-49 调查结果表明，不同年龄公民对科技发展期待的响应状况在 D3（1）指标的意见反馈中，不同年龄公民对于"科学技术的发展会使一些职业消失，但同时也会提供更多的就业机会"这一观点，18～29 周岁赞成率为 91.4%，反对率为 0.5%，持中立态度或不甚了解者占 8.1%；30～39 周岁赞成率为 87.1%，反对率为 2.4%，持中立态度或不甚了解者占 10.5%；40～49 周岁赞成率 86.7%，反对率为 1.3%，持中立态度或不甚了解者占 12.1%；50～59 周岁赞成率为 86%，反对率为 1.5%，持中立态

度或不甚了解者占 12.5%；60～69 周岁赞成率为 82.8%，反对率为 1.8%，持中立态度或不甚了解者占 15.4%。

（2）舟山市不同年龄公民对科技发展与自然资源的认知程度

一是公民对 D2 问题中关于科技发展与自然资源的认知程度。表 4-50 调查结果表明，不同年龄公民对科技发展与自然资源的响应状况在 D2（3）指标的意见反馈中，对于"持续不断的技术应用，最终会毁掉我们赖以生存的地球"这一观点，18～29 周岁赞成率为 41.4%，反对率为 28%，持中立态度或不甚了解者占 30.6%；30～39 周岁赞成率为 39.4%，反对率为 29.9%，持中立态度或不甚了解者占 30.7%；40～49 周岁赞成率 39.1%，反对率为 30.2%，持中立态度或不甚了解者占 30.7%；50～59 周岁赞成率为 36.3%，反对率为 26.5%，持中立态度或不甚了解者占 37.2%；60～69 周岁赞成率为 38.5%，反对率为 27.1%，持中立态度或不甚了解者占 33.9%。

表 4-50　舟山市不同年龄公民对科技发展与自然资源的认知程度　　　　单位（%）

序	选　项	D2（3）				
		持续不断的技术应用，最终会毁掉我们赖以生存的地球。				
		18～29 周岁	30～39 周岁	40～49 周岁	50～59 周岁	60～69 周岁
1	完全赞成	15.6	9.5	13.1	12.2	14.9
2	基本赞成	25.8	29.9	26.0	24.1	24.0
3	既不赞成也不反对	28.5	27.2	23.9	30.8	24.9
4	基本反对	19.4	20.7	21.7	19.5	17.6
5	完全反对	8.6	9.2	8.5	7.0	9.5
6	不清楚不了解	2.2	3.4	6.8	6.4	9.0

序	选　项	D2（5）				
		由于科学技术的进步，地球的自然资源将会用之不竭				
		18～29 周岁	30～39 周岁	40～49 周岁	50～59 周岁	60～69 周岁
1	完全赞成	12.4	7.8	12.5	11.9	15.4
2	基本赞成	17.7	27.6	20.4	20.4	18.1
3	既不赞成也不反对	21.5	23.5	16.8	18.3	22.2
4	基本反对	18.3	19.7	22.3	22.3	14.9
5	完全反对	28.5	18.7	21.0	21.0	19.0
6	不清楚不了解	1.6	2.7	7.0	6.1	10.4

由表 4-50 调查结果表明，不同年龄公民对科技发展与自然资源的响应状况在 D2（5）指标的意见反馈中，对于"由于科学技术的进步，地球的自然资源将会用之不竭"这一观点，18～29 周岁赞成率为 30.1%，反对率为 46.8%，持中立态度或不甚了解者占 23.1%；30～39 周岁赞成率为 35.4%，反对率为 38.4%，持中立态度或不甚了解者占 26.2%；40～49 周岁赞成率 32.9%，反对率 43.3%，持中立态度或不甚了解者占

23.8%；50~59 周岁赞成率为 32.3%，反对率为 43.3%，持中立态度或不甚了解者占 24.4%；60~69 周岁赞成率为 33.5%，反对率为 33.9%，持中立态度或不甚了解者占 32.6%。

二是公民对 D8 问题"想要过上美好生活，认为我们应该怎样对待自然"的认知程度。由 4-51 可见，在不同年龄公民对想过美好生活要善待自然的响应状况的调查分析中，认为要崇拜自然，顺从自然的选择和安排的 18~29 周岁占 13.4%，30~39 周岁占 13.6%，40~49 周岁占 14.7%，50~59 周岁占 15.2%，60~69 周岁占 10.4%；认为要尊重自然规律，开发利用自然的 18~29 周岁占 81.7%，30~39 周岁占 77.6%，40~49 周岁占 78.6%，50~59 周岁占 77.4%，60~69 周岁占 79.6%；认为要最大限度得向自然索取，征服自然的 18~29 周岁占 3.8%，30~39 周岁占 5.8%，40~49 周岁占 5.0%，50~59 周岁占 2.4%，60~69 周岁占 4.1%；不知道的 18~29 周岁占 1.1%，30~39 周岁占 3.1%，40~49 周岁占 1.8%，50~59 周岁占 4.9%，60~69 周岁占 5.9%。

表 4-51　舟山市不同年龄公民对想过美好生活要善待自然的认知程度　　单位（%）

序	D8 选项	响应频率				
		18~29 周岁	30~39 周岁	40~49 周岁	50~59 周岁	60~69 周岁
1	崇拜自然，顺从自然的选择和安排	13.4	13.6	14.7	15.2	10.4
2	尊重自然规律，开发利用自然	81.7	77.6	78.6	77.4	79.6
3	最大限度的向自然索取，征服自然	3.8	5.8	5.0	2.4	4.1
4	不知道	1.1	3.1	1.8	4.9	5.9

（3）舟山市不同年龄公民对公众参与科技决策的态度

由表 4-52 调查结果表明，不同年龄公民对公众参与科技决策的响应状况在 D3（5）指标的意见反馈中，对于"政府应该通过举办听证会，让公众更有效地参与科技决策的多种途径"这一观点，18~29 周岁赞成率为 87.1%，反对率为 0.5%，持中立态度或不甚了解者占 12.4%；30~39 周岁赞成率为 85%，反对率为 0.7%，持中立态度或不甚了解者占 14.3%；40~49 周岁赞成率 86.8%，反对率为 0.7%，持中立态度或不甚了解者占 12.5%；50~59 周岁赞成率为 85.1%，反对率为 1.5%，持中立态度或不甚了解者占 13.4%；60~69 周岁赞成率为 78.7%，反对率为 2.8%，持中立态度或不甚了解者占 18.5%。

表 4-52　舟山市不同年龄公民对公众参与科技决策的认知程度　　　单位（%）

序	选　　项	D3（5）				
		政府应该通过举办听证会，让公众更有效地参与科技决策的多种途径				
		18～29周岁	30～39周岁	40～49周岁	50～59周岁	60～69周岁
1	完全赞成	45.7	40.1	44.6	49.1	45.2
2	基本赞成	41.4	44.9	42.2	36.0	33.5
3	既不赞成也不反对	11.8	12.6	10.1	7.6	12.2
4	基本反对	0.5	0.7	0.4	1.5	1.8
5	完全反对	0.0	0.0	0.2	0.0	0.9
6	不清楚不了解	0.5	1.7	2.4	5.8	6.3

（4）舟山市不同年龄公民对基础科学研究的态度

由表 4-53 调查结果表明，不同年龄公民对基础科学研究的响应状况在 D3（4）指标的意见反馈中，不同年龄公民对于"尽管不能马上产生效益，但是基础科学研究是必要的，政府应该支持"这一观点，18～29 周岁赞成率为 85.5%，反对率为 0%，持中立态度或不甚了解者占 14.5%；30～39 周岁赞成率为 83%，反对率为 0.6%，持中立态度或不甚了解者占 16.4%；40～49 周岁赞成率 85.3%，反对率为 0.4%，持中立态度或不甚了解者占 14.2%；50～59 周岁赞成率为 84.4%，反对率为 1.8%，持中立态度或不甚了解者占 13.7%；60～69 周岁赞成率为 80.1%，反对率为 1.4%，持中立态度或不甚了解者占 18.5%。

表 4-53　舟山市不同年龄公民对基础科学研究的认知程度　　　单位（%）

序	选　　项	D3（4）				
		尽管不能马上产生效益，但是基础科学研究是必要的，政府应该支持				
		18～29周岁	30～39周岁	40～49周岁	50～59周岁	60～69周岁
1	完全赞成	41.4	38.4	40.7	44.2	43.9
2	基本赞成	44.1	44.6	44.6	40.2	36.2
3	既不赞成也不反对	13.4	15.0	12.0	9.1	11.3
4	基本反对	0.0	0.3	0.2	1.5	0.0
5	完全反对	0.0	0.3	0.2	0.3	1.4
6	不清楚不了解	1.1	1.4	2.2	4.6	7.2

6. 舟山市不同年龄公民对科技创新的态度

（1）不同年龄公民对科技创新的期盼程度

由表 4-54 调查结果表明，不同年龄公民对科技创新的期待的响应状况在 D1（4）指标的意见反馈中，对于"科学和技术的进步，将有助于治疗艾滋病和癌症等疾病"

这一观点，18~29 周岁赞成率为 87.1%，反对率为 0%，持中立态度或不甚了解者占 12.9%；30~39 周岁赞成率为 79.3%，反对率为 1.7%，持中立态度或不甚了解者占 19%；40~49 周岁赞成率 83.8%，反对率为 2.2%，持中立态度或不甚了解者占 14%；50~59 周岁赞成率为 78.6%，反对率为 1.5%，持中立态度或不甚了解者占 19.9%；60~69 周岁赞成率为 80%，反对率为 1.4%，持中立态度或不甚了解者占 18.6%。

表 4-54 舟山市不同年龄公民对科技创新的期盼程度 单位（%）

序	选 项	D1（4）科学和技术的进步，将有助于治疗艾滋病和癌症等疾病				
		18~29 周岁	30~39 周岁	40~49 周岁	50~59 周岁	60~69 周岁
1	完全赞成	42.5	42.9	42.5	47.3	42.7
2	基本赞成	44.6	36.4	41.4	31.4	37.3
3	既不赞成也不反对	11.8	17.0	10.7	15.9	11.8
4	基本反对	0.0	0.7	1.1	1.5	1.4
5	完全反对	0.0	1.0	1.1	0.0	0.0
6	不清楚不了解	1.1	2.0	3.3	4.0	6.8

序	选 项	D3（2）公众对科技创新的理解和支持，是促进我国创新型国家建设的基础				
		18~29 周岁	30~39 周岁	40~49 周岁	50~59 周岁	60~69 周岁
1	完全赞成	35.5	35.7	37.0	43.6	39.4
2	基本赞成	53.8	51.0	49.2	41.2	43.4
3	既不赞成也不反对	9.7	8.8	9.4	10.4	8.1
4	基本反对	0.0	0.3	0.9	0.6	0.9
5	完全反对	0.0	0.0	0.0	0.3	0.5
6	不清楚不了解	1.1	4.1	3.5	4.0	7.7

由表 4-54 调查结果表明，不同年龄公民对科技创新的期待的响应状况在 D3（2）指标的意见反馈中，对于"公众对科技创新的理解和支持，是促进我国创新型国家建设的基础"这一观点，18~29 周岁赞成率为 89.2%，反对率为 0%，持中立态度或不甚了解者占 10.8%；30~39 周岁赞成率为 86.7%，反对率为 0.4%，持中立态度或不甚了解者占 12.9%；40~49 周岁赞成率为 86.2%，反对率为 0.9%，持中立态度或不甚了解者占 12.9%；50~59 周岁赞成率为 84.8%，反对率为 0.9%，持中立态度或不甚了解者占 14.3%；60~69 周岁赞成率为 82.8%，反对率为 1.4%，持中立态度或不甚了解者占 15.8%。

（2）不同年龄公民对科技应用的看法

一是公民对 D6 问题的认知程度。由调查样本信息对 D6 题目的响应数据进行多重响应有序统计，得到相应的排序指数和序，得到对 D6 题目中选项的响应结果。由表 4-55 可见，在不同年龄公民对接受被推荐的新技术、新产品或新品种的条件选择的响应排序指数的调查中，9 种（类）条件中，18～29 周岁公民接受响应排序由高到低为：政府提倡或国家权威部门认可占 70.25%；查资料或咨询，确认对环境和人体没有危害占 36.2%；看别人用的结果都说好，我接受占 33.15%；省钱或能赚钱占 20.61%；广告宣传和推荐占 17.74%；先自己试一试，再做决定占 16.85%；没有其他可以接受的条件占 4.12%；无论谁推荐都不接受占 0.54%；不清楚占 0.54%。30～39 周岁公民接受响应排序由高到低为：政府提倡或国家权威部门认可占 64.17%；看别人用的结果，如果大多数人都说好，我也接受占 38.21%；查资料或咨询，确认对环境和人体没有危害占 30.39%；省钱或能赚钱占 26.19%；广告宣传和推荐占 17.8%；先自己试一试，再做决定占 17.46%；没有其他可以接受的条件占 5.67%；无论谁推荐都不接受占 0%；不清楚占 0%。40～49 周岁公民接受响应排序由高到低为：政府提倡或国家权威部门认可占 65.28%；看别人用的结果，如果大多数人都说好，我也接受占 38.8%；省钱或能赚钱占 26.33%；查资料或咨询，确认对环境和人体没有危害占 25.31%；先自己试一试，再做决定占 19.4%；广告宣传和推荐占 18.67%；没有其他可以接受的条件占 5.18%；无论谁推荐都不接受占 0.66%；不清楚占 0.22%。50～59 周岁公民接受响应排序由高到低为：政府提倡或国家权威部门认可占 64.23%；看别人用的结果，如果大多数人都说好，我也接受占 35.87%；省钱或能赚钱占 26.63%；查资料或咨询，确认对环境和人体没有危害占 23.98%；广告宣传和推荐占 23.07%；先自己试一试，再做决定占 18.29%；没有其他可以接受的条件占 7.32%；无论谁推荐都不接受占 0.3%；不清楚占 0.3%。60～69 周岁公民接受响应排序由高到低为：政府提倡或国家权威部门认可占 65.01%；看别人用的结果，如果大多数人都说好，我也接受占 42.68%；省钱或能赚钱占 25.64%；查资料或咨询，确认对环境和人体没有危害占 20.36%；广告宣传和推荐占 19.76%；先自己试一试，再做决定占 17.8%；没有其他可以接受的条件占 6.94%；无论谁推荐都不接受占 0.91%；不清楚占 0.45%。

表 4-55　舟山市不同年龄公民对接受新技术、新产品或新品种的选择排序 单位（%）

序	D6 选项	18～29 周岁		30～39 周岁		40～49 周岁		50～59 周岁		60～69 周岁	
		排序指数	序	排序指数	序	排序指数	序	排序指数	序	排序指数	序
1	政府提倡或国家权威机关认可	70.25	1	64.17	1	65.28	1	64.23	1	65.01	1
2	广告宣传和推荐	17.74	5	17.80	5	18.67	6	23.07	5	19.76	5
3	省钱或能赚钱	20.61	4	26.19	4	26.33	3	26.63	3	25.64	3
4	看别人用的结果都说好，我接受	33.15	3	38.21	2	38.80	2	35.87	2	42.68	2

（续）

序	D6 选项	18～29 周岁		30～39 周岁		40～49 周岁		50～59 周岁		60～69 周岁	
		排序指数	序	排序指数	序	排序指数	序	排序指数	序	排序指数	序
5	查资料或咨询,确认对环境和人体没有危害	36.20	2	30.39	3	25.31	4	23.98	4	20.36	4
6	先自己试一试,再做决定	16.85	6	17.46	6	19.40	5	18.29	6	17.80	6
7	无论谁推荐都不接受	0.54	8	0.00	8	0.66	8	0.30	8	0.91	8
8	不清楚	0.54	8	0.00	8	0.22	8	0.30	8	0.45	9
9	没有其他可以接受的条件	4.12	7	5.67	7	5.18	7	7.32	7	6.94	7

二是公民对 D7 问题——认同有关科学技术对环境影响的认知程度。由表 4-56 可见,在不同年龄公民对认同有关科学技术对环境影响的观点的响应状况的调查分析中,18～29 周岁,30～39 周岁,40～49 周岁,50～59 周岁,60～69 周岁的五组年龄段,认为技术对环境有好的影响的依次为 9.7%,5.4%,9.2%,11.6%,10.0%;认为技术对环境既有好的影响,也有坏的影响的依次为 83.9%,84.0%,80.5%,77.4%,75.5%;认为技术对环境有坏的影响的依次为 2.7%,5.4%,5.0%,5.5%,5.5%。

表 4-56　舟山市不同年龄公民对认同有关科学技术对环境影响的认知程度 单位（%）

序	D7 选项	响应频率				
		18～29 周岁	30～39 周岁	40～49 周岁	50～59 周岁	60～69 周岁
1	技术对环境有好的影响	9.7	5.4	9.2	11.6	10.0
2	技术对环境既有好的影响,也有坏的影响	83.9	84.0	80.5	77.4	75.5
3	技术对环境有坏的影响	2.7	5.4	5.0	5.5	5.5
4	技术对环境没有任何影响	1.6	2.4	1.5	2.1	3.2
5	不知道	2.2	2.7	3.7	3.4	5.9

（七）舟山市重点关注的群体对科学技术的态度

公民对科学技术的态度取决于对科学技术是否理解和是否持有科学发展观的理念,对科学技术和科学发展观的理解,需求联系实际,由此我们会发现,科学发展观具有丰富而具体的内容。具体地讲,针对领导干部和公务员的科学素质行动,重在强调联系实际、创造性地落实科学发展观,执政为民,廉洁奉公,努力建设和谐社会。针对城镇劳动人口的科学行动,宣传科学发展观,重点倡导和普及节约资源、保护环境、节能降耗、安全生产、健康生活、知识和技能。针对农民的科学素质行动,宣传科学发展观,重点开展保护生态环境、节约水资源、保护耕地、防灾减灾,倡导安全生产、健康卫生、移风易俗和反对愚昧迷信、陈规陋习的宣传教育。

1. 舟山市不同群体公民对科技与生活之间关系的看法

由表 4-57 调查结果表明，不同群体公民对科技与生活之间的看法在 D3（3）指标的意见反馈中，对于"科学技术使我们的生活更健康、更便捷、更舒适"这一观点，领导干部和公务员赞成率为 95.2%，反对率为 0%，持中立态度或不甚了解者占 4.8%；城镇劳动者赞成率为 94.6%，反对率为 0.4%，持中立态度或不甚了解者占 5%；农民赞成率 89.8%，反对率为 0.6%，持中立态度或不甚了解者占 9.6%；其他赞成率为 97.7%，反对率为 0%，持中立态度或不甚了解者占 2.3%；在 D1（3）指标的意见反馈中，不同群体公民对于"即使没有科学技术，人们也可以生活得很好"这一观点，领导干部和公务员赞成率为 22.6%，反对率为 62.9%，持中立态度或不甚了解者占 14.5%；城镇劳动者赞成率为 28%，反对率为 47.5%，持中立态度或不甚了解者占 24.5%；农民赞成率 30.1%，反对率为 42.6%，持中立态度或不甚了解者占 27.3；其他赞成率为 13.7%，反对率为 56.8%，持中立态度或不甚了解者占 29.5%。

表 4-57　舟山市不同群体公民对科技与生活之间的看法　　　　单位（%）

序	选　项	D1（1）科学技术使我们的生活更健康、更便捷、更舒适				D1（3）即使没有科学技术，人们也可以生活得很好			
		领导干部和公务员	城镇劳动者	农民	其他	领导干部和公务员	城镇劳动者	农民	其他
1	完全赞成	58.1	59.9	54.8	63.6	4.8	9.5	8.9	0.0
2	基本赞成	37.1	34.7	35.0	34.1	17.7	18.5	21.2	13.6
3	既不赞成也不反对	4.8	4.5	7.4	2.3	14.5	23.2	24.1	29.5
4	基本反对	0.0	0.2	0.3	0.0	30.6	24.3	29.6	40.9
5	完全反对	0.0	0.2	0.3	0.0	32.3	23.2	13.0	15.9
6	不清楚不了解	0.0	0.5	2.2	0.0	0.0	1.4	3.2	0.0

2. 舟山市不同群体公民对科技与工作之间关系的看法

由表 4-58 调查结果表明，不同群体公民对科技与工作之间的看法在 D3（1）指标的意见反馈中，不同群体公民对于"科学技术的发展会使一些职业消失，但同时也会提供更多的就业机会"这一观点，领导干部和公务员赞成率为 83.8%，反对率为 3.3%，持中立态度或不甚了解者占 12.9%；城镇劳动者赞成率为 87.5%，反对率为 1.6%，持中立态度或不甚了解者占 10.9%；农民赞成率 85.9%，反对率为 1.4%，持中立态度或不甚了解者占 12.7%；其他赞成率为 88.6%，反对率为 2.3%，持中立态度或不甚了解者占 9.1%。

表 4-58　不同群体公民对科技与工作之间的看法　　　　单位（%）

序	选　　项	D3（1）			
		科学技术的发展会使一些职业消失，但同时也会提供更多的就业机会			
		领导干部和公务员	城镇劳动者	农民	其他
1	完全赞成	40.3	43.7	42.0	38.6
2	基本赞成	43.5	43.8	43.9	50.0
3	既不赞成也不反对	12.9	9.5	8.5	9.1
4	基本反对	0.0	1.1	0.8	2.3
5	完全反对	3.2	0.5	0.5	0.0
6	不清楚不了解	0.0	1.4	4.2	0.0

3. 不同群体公民对科技的总体看法

由表 4-59 调查结果表明，不同群体公民对科技的总体看法在 D1（5）指标的意见反馈中，不同群体公民对于"我们过于依靠科学，而忽视了信仰"这一观点，领导干部和公务员赞成率为 22.6%，反对率为 46.8%，持中立态度或不甚了解者占 30.6%；城镇劳动者赞成率为 35%，反对率为 28.8%，持中立态度或不甚了解者占 36.2%；农民赞成率 33.3%，反对率为 23.7%，持中立态度或不甚了解者占 43%；其他赞成率为 22.6%，反对率为 29.6%，持中立态度或不甚了解者占 47.8%；在 D2（1）指标的意见反馈中，不同群体公民对于"科学技术不解决我们面临的任何问题"这一观点，领导干部和公务员赞成率为 29%，反对率为 59.7%，持中立态度或不甚了解者占 11.3%；城镇劳动者赞成率为 32.7%，反对率为 50.8%，持中立态度或不甚了解者占 16.5%；农民赞成率 35.1%，反对率为 47.1%，持中立态度或不甚了解者占 17.8%；其他赞成率为 25%，反对率为 63.7%，持中立态度或不甚了解者占 11.3%。

在 D2（2）指标的意见反馈中，不同群体公民对于"科学技术既给我们带来好处也带来坏处，但好处多于坏处"这一观点，领导干部和公务员赞成率为 75.8%，反对率为 8%，持中立态度或不甚了解者占 16.2%；城镇劳动者赞成率为 87%，反对率为 2.2%，持中立态度或不甚了解者占 10.8%；农民赞成率 79.3%，反对率为 2.7%，持中立态度或不甚了解者占 18%；其他赞成率为 86.3%，反对率为 4.5%，持中立态度或不甚了解者占 9.2%。

表 4-59　不同群体公民对科技的总体看法　　　　单位（%）

序	选　　项	D1（5）				D2（1）			
		我们过于依靠科学，而忽视了信仰				科学技术不解决我们面临的任何问题			
		领导干部和公务员	城镇劳动者	农民	其他	领导干部和公务员	城镇劳动者	农民	其他
1	完全赞成	6.5	12.2	9.1	4.5	12.9	15.6	12.7	6.8
2	基本赞成	16.1	22.8	24.2	18.2	16.1	17.1	22.4	18.2

（续）

序	选　项	D1（5）				D2（1）			
		我们过于依靠科学，而忽视了信仰				科学技术不解决我们面临的任何问题			
		领导干部和公务员	城镇劳动者	农民	其他	领导干部和公务员	城镇劳动者	农民	其他
3	既不赞成也不反对	27.4	33.3	36.1	45.5	11.3	14.9	14.2	11.4
4	基本反对	27.4	18.6	15.7	20.5	24.2	23.6	27.2	45.5
5	完全反对	19.4	10.2	8.0	9.1	35.5	27.2	19.9	18.2
6	不清楚不了解	3.2	2.8	6.9	2.3	0.0	1.6	3.6	0.0

序	选　项	D2（2）			
		科学技术既给我们带来好处也带来坏处，但好处多于坏处			
		领导干部和公务员	城镇劳动者	农民	其他
1	完全赞成	40.3	36.8	35.5	47.7
2	基本赞成	35.5	50.2	43.8	38.6
3	既不赞成也不反对	16.1	10.3	14.9	9.1
4	基本反对	4.8	1.1	2.4	4.5
5	完全反对	3.2	1.1	0.3	0.0
6	不清楚不了解	0.0	0.5	3.1	0.0

4. 舟山市不同群体公民对科学家和科学事业的看法
（1）舟山市不同群体公民对科学家职业的看法

由调查样本信息对 D4 和 D5 题目的响应数据进行多重响应有序统计，得到相应的排序指数和序，得到对 D4 和 D5 题目中各职业的分类分析结果。

由表 4-60 可见，在重点关注的不同群体公民在心目中对各种职业声望的排序指数和序的调查中，13 个（类）职业中，除法官外，其他 12 个（类）职业在领导干部和公务员心目中的声望排序由高到低为：科学家占 36.56%、教师占 34.41%、政府官员占 27.96%、医生占 24.73%、企业家占 18.82%、工程师占 12.37%、运动员占 6.99%、记者占 5.38%、律师占 5.38%、其他职业占 2.15%、艺术家占 1.61%、没有其他声望好职业占 0%；在城镇劳动者心目中的声望排序由高到低为：教师占 32.55%、科学家占 31.92%、政府官员占 26.71%、医生占 22.27%、企业家占 20.66%、工程师占 14.61%、运动员占 9.44%、记者占 6.42%、律师占 6.1%、艺术家占 4.85%、其他职业占 1.46%、没有其他声望好职业占 0.26%；在农民心目中的声望排序由高到低为：教师占 35.27%、政府官员占 29.64%、医生占 26.49%、科学家占 24.5%、企业家占 23.24%、工程师占 12.43%、运动员占 9.5%、记者占 7.88%、律师占 5.09%、其他职业占 3.96%、艺术家占 3.6%、没有其他声望好职业占 0%；在其他公民心目中的声望排序由高到低为：科学家占 27.27%、医生占 27.27%、政府官员占 28.79%、教师占 26.52%、企业家占 21.97%、工程师占 15.91%、运动员占 12.12%、艺术家占 5.3%、记者占 3.79%、律师占 3.79%、没有其他声望好职业占 2.27%、其他职业占 0.76%。

表 4-60　舟山市不同群体公民在心目中对各种职业声望选择的排序　　单位（%）

题序	D4 选项	领导干部和公务员		城镇劳动者		农民		其他	
		排序指数	序	排序指数	序	排序指数	序	排序指数	序
1	法官	0.00	-	0.00	-	0.00	-	0.00	-
2	教师	34.41	2	32.55	1	35.27	1	26.52	4
3	企业家	18.82	5	20.66	5	23.24	5	21.97	5
4	政府官员	27.96	3	26.71	3	29.64	2	28.79	3
5	运动员	6.99	7	9.44	7	9.50	7	12.12	7
6	科学家	36.56	1	31.92	2	24.50	4	27.27	1
7	医生	24.73	4	22.27	4	26.49	3	27.27	1
8	记者	5.38	8	6.42	8	7.88	8	3.79	9
9	工程师	12.37	6	14.61	6	12.43	6	15.91	6
10	艺术家	1.61	11	4.85	10	3.60	11	5.30	8
11	律师	5.38	8	6.10	9	5.09	9	3.79	9
12	其他职业	2.15	10	1.46	11	3.96	10	0.76	12
13	没有声望好职业	0.00	12	0.26	12	0.00	12	2.27	11

由表 4-61 可见，在不同群体公民期望自己的后代从事的职业响应的排序指数和序的调查中，13 个（类）职业中，除法官外，其他 12 个（类）职业在领导干部和公务员期望响应排序由高到低为：医生占 37.63%、科学家占 34.95%、政府官员占 28.49%、教师占 25.27%、企业家占 18.82%、工程师占 15.59%、记者占 6.99%、艺术家占 6.45%、律师占 5.91%、运动员占 3.76%、其他职业占 2.15%、没有其他声望好职业占 0%；在城镇劳动者期望响应排序由高到低为：政府官员占 35.89%、教师占 35.58%、医生占 26.71%、企业家占 25.67%、科学家占 20.92%、工程师占 9.81%、运动员占 7.82%、记者占 6.68%、律师占 3.76%、艺术家占 3.5%、其他职业占 0.89%、没有其他声望好职业占 0.26%；在农民期望响应排序由高到低为：教师占 36.31%、政府官员占 35.27%、企业家占 28.87%、医生占 28.38%、科学家占 17.97%、工程师占 9.23%、运动员占 8.6%、记者占 6.62%、律师占 5.5%、其他职业占 3.6%、艺术家占 1.98%、没有其他声望好职业占 0.18%；在其他公民期望响应排序由高到低为：教师占 43.94%、政府官员占 33.33%、企业家占 29.55%、医生占 26.52%、科学家占 17.42%、工程师占 5.3%、律师占 5.3%、运动员占 4.55%、记者占 4.55%、艺术家占 2.27%、其他职业占 2.27%、没有其他声望好职业占 0%。

表 4-61　舟山市不同群体公民期望自己后代从事职业选择的排序　　单位（%）

题序	D5 选项	领导干部和公务员		城镇劳动者		农民		其他	
		排序指数	序	排序指数	序	排序指数	序	排序指数	序
1	法官	0.00	-	0.00	-	0.00	-	0.00	-
2	教师	25.27	4	35.58	2	36.31	1	43.94	1
3	企业家	18.82	5	25.67	4	28.87	3	29.55	3
4	政府官员	28.49	3	35.89	1	35.27	2	33.33	2
5	运动员	3.76	10	7.82	7	8.60	7	4.55	8
6	科学家	34.95	2	20.92	5	17.97	5	17.42	5
7	医生	37.63	1	26.71	3	28.38	4	26.52	4
8	记者	6.99	7	6.68	8	6.62	8	4.55	8
9	工程师	15.59	6	9.81	6	9.23	6	5.30	6
10	艺术家	6.45	8	3.50	10	1.98	11	2.27	10
11	律师	5.91	9	3.76	9	5.50	9	5.30	6
12	其他职业	2.15	11	0.89	11	3.60	10	2.27	10
13	没有声望好职业	0.00	12	0.26	12	0.18	12	0.00	12

（2）舟山市不同群体公民对科学家工作的认知程度

由表 4-62 调查结果表明，不同群体公民对科学家工作的认识的响应状况在 D2（4）指标的意见反馈中，对于"科学家要参与科学传播，让公众了解科学研究的新进展"这一观点，领导干部和公务员赞成率为 85.4%，反对率为 1.6%，持中立态度或不甚了解者占 12.9%；城镇劳动者赞成率为 83.5%，反对率为 1.9%，持中立态度或不甚了解者占 14.6%；农民赞成率 79.7%，反对率为 2.7%，持中立态度或不甚了解者占 17.6%；其他赞成率为 93.2%，反对率为 0%，持中立态度或不甚了解者占 6.8%；在 D3（3）指标的意见反馈中，不同群体公民对于"如果能够帮助人类解决健康问题，应该允许科学家用动物（如：狗、猴子）做实验"这一观点，领导干部和公务员赞成率为 61.2%，反对率为 19.4%，持中立态度或不甚了解者占 19.4%；城镇劳动者赞成率为 57.9%，反对率为 13.6%，持中立态度或不甚了解者占 28.5%；农民赞成率 51.9%，反对率为 16.6%，持中立态度或不甚了解者占 31.3%；其他赞成率为 52.3%，反对率为 29.6%，持中立态度或不甚了解者占 18.2%。

表 4-62　舟山市不同群体公民对科学家工作的认知程度　　　　单位（%）

序	选　项	D2（4）科学家要参与科学传播，让公众了解科学研究的新进展				D3（3）如果能够帮助人类解决健康问题，应该允许科学家用动物（如：狗、猴子）做实验			
		领导干部和公务员	城镇劳动者	农民	其他	领导干部和公务员	城镇劳动者	农民	其他
1	完全赞成	54.8	46.9	38.1	47.7	30.6	28.7	22.7	20.5
2	基本赞成	30.6	36.6	41.6	45.5	30.6	29.2	29.2	31.8
3	既不赞成也不反对	11.3	13.3	11.9	6.8	19.4	26.3	25.8	18.2
4	基本反对	1.6	1.3	1.8	0.0	11.3	9.1	12.0	18.2
5	完全反对	0.0	0.6	0.9	0.0	8.1	4.5	4.6	11.4
6	不清楚不了解	1.6	1.3	5.7	0.0	0.0	2.2	5.5	0.0

5. 舟山市不同群体公民对科学技术发展的认知程度

（1）舟山市不同群体公民对科技发展的期盼程度

由表 4-63 调查结果表明，舟山市不同群体公民对科技发展的期待的响应状况在 D1（2）指标的意见反馈中，对于"现代科学技术将给我们的后代提供更多的发展机会"这一观点，领导干部和公务员赞成率为 95.2%，反对率为 1.6%，持中立态度或不甚了解者占 3.2%；城镇劳动者赞成率为 90.3%，反对率为 0.6%，持中立态度或不甚了解者占 9.1%；农民赞成率 85.4%，反对率为 1.2%，持中立态度或不甚了解者占 13.4%；其他赞成率为 95.5%，反对率为 0%，持中立态度或不甚了解者占 4.5%；在 D3（1）指标的意见反馈中，不同群体公民对于"科学技术的发展会使一些职业消失，但同时也会提供更多的就业机会"这一观点，领导干部和公务员赞成率为 83.8%，反对率为 3.3%，持中立态度或不甚了解者占 12.9%；城镇劳动者赞成率为 87.5%，反对率为 1.6%，持中立态度或不甚了解者占 10.9%；农民赞成率为 85.9%，反对率为 1.4%，持中立态度或不甚了解者占 12.7%；其他赞成率为 88.6%，反对率为 2.3%，持中立态度或不甚了解者占 9.1%。

表 4-63　舟山市不同群体公民对科技发展的期盼程度　　　　单位（%）

序	选　项	D1（2）现代科学技术将给我们的后代提供更多的发展机会				D3（1）科学技术的发展会使一些职业消失，但同时也会提供更多的就业机会			
		领导干部和公务员	城镇劳动者	农民	其他	领导干部和公务员	城镇劳动者	农民	其他
1	完全赞成	54.8	42.6	35.0	45.5	40.3	43.7	42.0	38.6
2	基本赞成	40.3	47.7	50.4	50.0	43.5	43.8	43.9	50.0
3	既不赞成也不反对	3.2	8.8	11.2	4.5	12.9	9.5	8.5	9.1

（续）

序	选项	D1（2）现代科学技术将给我们的后代提供更多的发展机会				D3（1）科学技术的发展会使一些职业消失，但同时也会提供更多的就业机会			
		领导干部和公务员	城镇劳动者	农民	其他	领导干部和公务员	城镇劳动者	农民	其他
4	基本反对	0.0	0.3	0.8	0.0	0.0	1.1	0.8	2.3
5	完全反对	1.6	0.3	0.4	0.0	3.2	0.5	0.5	0.0
6	不清楚不了解	0.0	0.3	2.2	0.0	0.0	1.4	4.2	0.0

（2）舟山市不同群体公民对科技发展与自然资源的认知程度

一是公民对 D2 问题中关于科技发展与自然资源的认知程度。由表 4-64 调查结果表明，对科技发展与自然资源的响应状况在 D2（3）指标的意见反馈中，不同群体公民对于"持续不断的技术应用，最终会毁掉我们赖以生存的地球"这一观点，领导干部和公务员赞成率为 30.7%，反对率为 35.5%，持中立态度或不甚了解者占 33.8%；城镇劳动者赞成率为 41.6%，反对率为 28.2%，持中立态度或不甚了解者占 30.2%；农民赞成率 36.6%，反对率为 28.8%，持中立态度或不甚了解者占 34.6%；其他赞成率为 45.4%，反对率为 22.8%，持中立态度或不甚了解者占 31.8%。在 D2（5）指标的意见反馈中，不同群体公民对于"由于科学技术的进步，地球的自然资源将会用之不竭"这一观点，领导干部和公务员赞成率为 25.9%，反对率为 54.9%，持中立态度或不甚了解者占 19.2%；城镇劳动者赞成率为 35.8%，反对率为 41.7%，持中立态度或不甚了解者占 22.5%；农民赞成率 30.9%，反对率为 40%，持中立态度或不甚了解者占 29.1%；其他赞成率为 34.1%，反对率为 43.2%，持中立态度或不甚了解者占 22.7%。

表 4-64　舟山市不同群体公民对科技发展与自然资源的认知程度　　　单位（%）

序	选项	D2（3）持续不断的技术应用，最终会毁掉我们赖以生存的地球				D2（5）由于科学技术的进步，地球的自然资源将会用之不竭			
		领导干部和公务员	城镇劳动者	农民	其他	领导干部和公务员	城镇劳动者	农民	其他
1	完全赞成	11.3	15.3	10.1	22.7	6.5	13.9	10.1	15.9
2	基本赞成	19.4	26.3	26.5	22.7	19.4	21.9	20.8	18.2
3	既不赞成也不反对	30.6	24.7	28.1	29.5	17.7	18.0	21.5	22.7
4	基本反对	19.4	20.7	20.3	11.4	19.4	18.0	22.4	15.9
5	完全反对	16.1	7.5	8.5	11.4	35.5	23.6	17.6	27.3
6	不清楚不了解	3.2	5.5	6.5	2.3	1.6	4.5	7.6	0.0

二是公民对 D8 问题"想要过上美好生活，我们应该怎样对待自然"的认知程度。由表 4-65 可见，在不同群体公民对认同有关科学技术对环境影响观点的响应状况的

调查分析中，尊重自然规律，开发利用自然从高到低依次为，领导干部和公务员，其他群体，城镇劳动者和农民；崇拜自然，顺从自然的选择和安排从高到低依次为，农民，城镇劳动者，其他群体和领导干部和公务员；最大限度的向自然索取，征服自然从高到低依次为：农民，城镇劳动者，其他群体和领导干部和公务员。

表 4-65 舟山市不同群体公民对想过美好生活要善待自然的认知程度　单位（%）

序	D8 选项	响应频率			
		领导干部和公务员	城镇劳动者	农民	其他
1	崇拜自然，顺从自然的选择和安排	4.8	11.4	16.9	9.1
2	尊重自然规律，开发利用自然	93.5	84.0	72.2	88.6
3	最大限度的向自然索取，征服自然	1.6	3.0	5.8	2.3
4	不知道	0.0	1.6	5.1	0.0

（3）舟山市不同群体公民对公众参与科技决策的态度

由表 4-66 调查结果表明，不同群体公民对公众参与科技决策的响应状况在 D3（5）指标的意见反馈中，对于"政府应该通过举办听证会，让公众更有效地参与科技决策的多种途径"这一观点，领导干部和公务员赞成率为 88.7%，反对率为 1.6%，持中立态度或不甚了解者占 9.7%；城镇劳动者赞成率为 86.7%，反对率为 0.6%，持中立态度或不甚了解者占 12.7%；农民赞成率 82.7%，反对率为 1.6%，持中立态度或不甚了解者占 15.7%；其他赞成率为 90.9%，反对率为 0%，持中立态度或不甚了解者占 9.1%。

表 4-66 舟山市不同群体公民对公众参与科技决策的认知程度　单位（%）

序	选　　项	D3（5）政府应该通过举办听证会，让公众更有效地参与科技决策的多种途径			
		领导干部和公务员	城镇劳动者	农民	其他
1	完全赞成	59.7	45.7	43.5	38.6
2	基本赞成	29.0	41.0	39.2	52.3
3	既不赞成也不反对	6.5	11.0	10.7	9.1
4	基本反对	1.6	0.6	1.2	0.0
5	完全反对	0.0	0.0	0.4	0.0
6	不清楚不了解	3.2	1.7	5.0	0.0

（4）舟山市不同群体公民对基础科学研究的态度

由表 4-67 调查结果表明，不同群体公民对基础科学研究的响应状况在 D3（4）指标的意见反馈中，对于"尽管不能马上产生效益，但是基础科学研究是必要的，政府应该支持"这一观点，领导干部和公务员赞成率为 90.3%，反对率为 0%，持中立态度或不甚了解者占 9.7%；城镇劳动者赞成率为 85.3%，反对率为 0.8%，持中立态度或不甚了解者占 13.9%；农民赞成率 81.9%，反对率为 0.9%，持中立态度或不甚了解者占 17.2%；其他赞成率为 88.7%，反对率为 2.2%，持中立态度或不甚了解者占 9.1%。

表 4-67　舟山市不同群体公民对基础科学研究的认知程度　　　　单位（%）

序	选　　项	D3（4）			
		尽管不能马上产生效益，但是基础科学研究是必要的，政府应该支持			
		领导干部和公务员	城镇劳动者	农民	其他
1	完全赞成	48.4	42.6	40.4	36.4
2	基本赞成	41.9	42.7	41.5	52.3
3	既不赞成也不反对	8.1	11.7	12.8	9.1
4	基本反对	0.0	0.5	0.4	2.3
5	完全反对	0.0	0.3	0.5	0.0
6	不清楚不了解	1.6	2.2	4.3	0.0

6. 舟山市不同群体公民对科技创新的态度
（1）舟山市不同群体公民对科技创新的期盼程度

由表 4-68 调查结果表明，不同群体公民对科技创新的期待的响应状况在 D1（4）指标的意见反馈中，对于"科学和技术的进步，将有助于治疗艾滋病和癌症等疾病"这一观点，领导干部和公务员赞成率为 93.6%，反对率为 1.6%，持中立态度或不甚了解者占 4.8%；城镇劳动者赞成率为 87.1%，反对率为 1.1%，持中立态度或不甚了解者占 11.8%；农民赞成率 75.3%，反对率为 2.1%，持中立态度或不甚了解者占 22.6%；其他赞成率为 90.9%，反对率为 0%，持中立态度或不甚了解者占 9.1%；在 D3（2）指标的意见反馈中，不同群体公民对于"公众对科技创新的理解和支持，是促进我国创新型国家建设的基础"这一观点，领导干部和公务员赞成率为 93.5%，反对率为 0%，持中立态度或不甚了解者占 6.5%；城镇劳动者赞成率为 87.6%，反对率为 0.8%，持中立态度或不甚了解者占 11.6%；农民赞成率 83.2%，反对率为 0.8%，持中立态度或不甚了解者占 16%；其他赞成率为 93.1%，反对率为 0%，持中立态度或不甚了解者占 6.8%。

表 4-68　舟山市不同群体公民对科技创新的期盼程度　　　　单位（%）

序	选　　项	D1（4）				D3（2）			
		科学和技术的进步，将有助于治疗艾滋病和癌症等疾病				公众对科技创新的理解和支持，是促进我国创新型国家建设的基础			
		领导干部和公务员	城镇劳动者	农民	其他	领导干部和公务员	城镇劳动者	农民	其他
1	完全赞成	54.8	50.5	36.9	40.9	54.8	37.1	38.6	29.5
2	基本赞成	38.7	36.7	38.4	50.0	38.7	50.5	44.6	63.6

（续）

序	选　项	D1（4）				D3（2）			
		科学和技术的进步，将有助于治疗艾滋病和癌症等疾病				公众对科技创新的理解和支持，是促进我国创新型国家建设的基础			
		领导干部和公务员	城镇劳动者	农民	其他	领导干部和公务员	城镇劳动者	农民	其他
3	既不赞成也不反对	3.2	10.5	17.0	9.1	6.5	9.7	9.6	4.5
4	基本反对	1.6	0.6	1.4	0.0	0.0	0.6	0.7	0.0
5	完全反对	0.0	0.5	0.7	0.0	0.0	0.2	0.1	0.0
6	不清楚不了解	1.6	1.3	5.7	0.0	0.0	1.9	6.4	2.3

（2）舟山市不同群体公民对科技应用的看法

一是公民对 D6 问题的响应状况的统计。由调查样本信息对 D6 题目的响应数据进行多重响应有序统计，得到相应的排序指数和序，得到对 D6 题目中选项的响应结果。由表 4-69 可见，在不同群体公民对接受被推荐的新技术、新产品或新品种的条件选择的响应排序指数的调查中，9 种（类）条件中，领导干部和公务员接受响应排序由高到低为：政府提倡或国家权威部门认可占 80.65%；看别人用的结果都说好，我也接受占 32.8%；查资料或咨询，确认对环境和人体没有危害占 38.71%；先自己试一试，再做决定占 21.51%；广告宣传和推荐占 11.83%；省钱或能赚钱占 10.75%；没有其他可以接受的条件占 3.76%；无论谁推荐都不接受占 0%；不清楚占 0%；城镇劳动者接受响应排序由高到低为：政府提倡或国家权威部门认可占 68.49%；看别人用的结果，如果大多数人都说好，我也接受占 39.02%；查资料或咨询，确认对环境和人体没有危害占 29.32%；省钱或能赚钱占 20.19%；先自己试一试，再做决定占 18.99%；广告宣传和推荐占 18.31%；没有其他可以接受的条件占 4.49%；无论谁推荐都不接受占 0.47%；不清楚占 0.47%。农民接受响应排序由高到低为：政府提倡或国家权威部门认可占 61.35%；看别人用的结果，如果大多数人都说好，我也接受占 37.21%；省钱或能赚钱占 31.49%；查资料或咨询，确认对环境和人体没有危害占 23.2%；广告宣传和推荐占 21.49%；先自己试一试，再做决定占 17.43%；没有其他可以接受的条件占 7.3%；无论谁推荐都不接受占 0.41%；不清楚占 0.41%。其他公民接受响应排序由高到低为：政府提倡或国家权威部门认可占 66.67%；看别人用的结果，如果大多数人都说好，我也接受占 41.67%；查资料或咨询，确认对环境和人体没有危害占 28.79%；省钱或能赚钱占 25%；先自己试一试，再做决定占 15.91%；广告宣传和推荐占 13.64%；没有其他可以接受的条件占 5.3%；无论谁推荐都不接受占 2.27%；不清楚占 0%。

表 4-69　舟山市不同群体公民对新技术、新产品或新品种选择的排序　单位（%）

序	D6 选项	领导干部和公务员		城镇劳动者		农民		其他	
		排序指数	序	排序指数	序	排序指数	序	排序指数	序
1	政府提倡或国家权威机关认可	80.65	1	68.49	1	61.35	1	66.67	1
2	广告宣传和推荐	11.83	5	18.31	6	21.49	5	13.64	6
3	省钱或能赚钱	10.75	6	20.19	4	31.49	3	25.00	4
4	看别人用的结果都说好，我接受	32.80	2	39.02	2	37.21	2	41.67	2
5	查资料或咨询，确认对环境和人体没有危害	38.71	3	29.32	3	23.20	4	28.79	3
6	先自己试一试，再做决定	21.51	4	18.99	5	17.43	6	15.91	5
7	无论谁推荐都不接受	0.00	8	0.47	8	0.41	8	2.27	8
8	不清楚	0.00	8	0.47	8	0.14	9	0.00	9
9	没有其他可以接受的条件	3.76	7	4.49	7	7.30	7	5.30	7

二是公民对 D7 问题——认同有关科学技术对环境影响的认知程度。由表 4-70 可见，认为技术对环境既有好的影响，也有坏的影响的领导干部和公务员占 12.9%、城镇劳动者占 9.4%、农民占 8.5%、其他公民占 11.4%。

表 4-70　舟山市不同群体公民对认同有关科学技术对环境影响的认知程度 单位（%）

序	D7 选项	响应频率			
		领导干部和公务员	城镇劳动者	农民	其他
1	技术对环境有好的影响	12.9	9.4	8.5	11.4
2	技术对环境既有好的影响，也有坏的影响	80.6	82.1	78.1	86.4
3	技术对环境有坏的影响	0.0	3.4	6.9	2.3
4	技术对环境没有任何影响	3.2	1.9	2.3	0.0
5	不知道	3.2	3.1	4.2	0.0

第五章　舟山市公民基本科学素质

摘　　要

◆ 舟山市公民尊重自然规律，具有可持续发展的基本素质，"尊重自然规律，开发利用自然"的选择是78.8%。

◆ 舟山市公民基本生存科学素质较高，认为"科学技术使我们的生活更健康、更便捷、更舒适"，选择"完全赞成"和"基本赞成"的是92.3%；认为"即使没有科学技术，人们也可以生活得很好"的选择"基本反对"和"完全反对"的比例是45.9%。

◆ 舟山市公民对现代科学技术将给我们的后代提供更多的发展机会的选择"完全赞成"和"基本赞成"的是88.3%。

◆ 舟山市公民科学素质不断提升，对参与或尝试过用电脑算命的方法预测人生或命运和对预测的方法和结果相信的认知正确率为50.3%；选择"很相信"和"有些相信"的被调查者加起来的比率，比2007年的调查样本数据相对降低了27.1个百分点。

◆ 舟山市公民科学文化素质较高，公众对科技创新的理解和支持，是促进我国创新型国家建设的基础的选择，"完全赞成"和"基本赞成"的是85.9%。

◆ 舟山市公民科学知识感兴趣程度高，对"科学新发现"、"新发明和新技术"、"医学新进展"、"文化与教育"、"国家经济发展"、"农业发展"、"节约资源能源"非常感兴趣和感兴趣的选择分别为：71.0%、69.0%、79.3%、80.0%、80.0%、61.3%、71.9%。

◆ 舟山市公民对公众参与科技决策的态度中，认为"政府应该通过举办听证会，让公众更有效地参与科技决策的多种途径"，选择"完全赞成"和"基本赞成"的比例是95.0%。

一、舟山市公民的基本生存科学素质

现代社会是一个科学技术高度发达的社会，无论是公民的个人生活还是社会生活，都离不开科学技术。这就要求公民必须具备基本的科学素养，正确认知和意识到科学和社会之间相互作用的关系。即，科学素质是包括应用作为整体的科学（知识、方法、思想和精神）解决与公民有密切相关的实际问题——生存与发展问题、解决生活与工作问题。

表 5-1 是对调查样本 D8 题回答统计的汇总。在调查公民对科技发展与自然资源的看法中，被访者对"为想过美好生活要善待自然"的回答情况是，选择"尊重自然规律，开发利用自然"的比例为 78.7%，选择"崇拜自然，顺从自然的选择和安排"的比例是 13.8%，其他选择的比例是 7.5%。

表 5-1　调查样本 D8 题回答统计汇总　　　　　　　　　　　　单位（%）

崇拜自然，顺从自然的选择和安排	1	13.8
尊重自然规律，开发利用自然	2	78.7
最大限度的向自然索取，征服自然	3	4.3
不知道	4	3.2

表 5-2 是调查样本 D1（4）题回答统计的汇总。在调查舟山市公民对科技创新的期待中，被访者对"科学和技术的进步，将有助于治疗艾滋病和癌症等疾病"的回答情况是，选择"完全赞成"和"基本赞成"的比例为 81.6%；选择"既不赞成也不反对"的比例是 13.4%；选择"基本反对"和"完全反对"的比例是 1.5%，选择"不清楚不了解"的比例是 3.4%。

表 5-2　调查样本 D1（4）题回答统计汇总　　　　　　　　　　单位（%）

选项	完全赞成	基本赞成	既不赞成也不反对	基本反对	完全反对	不清楚不了解
科学和技术的进步，将有助于治疗艾滋病和癌症等疾病	43.6	38.0	13.4	1.0	0.5	3.4

二、舟山市公民的生活科学素质

表 5-3 调查样本 D1（1）题回答统计汇总。在调查舟山市公民对科技与生活之间的看法中，被访者对"科学技术使我们的生活更健康、更便捷、更舒适"的看法，选择"完全赞成"和"基本赞成"的比例是 92.3%；选择"既不赞成也不反对"的比例

是 5.9%；选择"基本反对"和"完全反对"的比例是 0.4%；选择"不清楚不了解"的比例是 1.3%。

表5-3 调查样本 D1（1）题回答统计汇总 单位（%）

选项	完全赞成	基本赞成	既不赞成也不反对	基本反对	完全反对	不清楚不了解
科学技术使我们的生活更健康、更便捷、更舒适	57.4	34.9	5.9	0.2	0.2	1.3

表5-4 调查样本 D1（3）题回答统计汇总。对"即使没有科学技术，人们也可以生活的很好"的情况选择"完全赞成"和"基本赞成"的比例是 28.4%；选择"既不赞成也不反对"的比例是 23.5%；选择"基本反对"和"完全反对"的比例是 45.9%；选择"不清楚不了解"的比例是 2.2%。

表5-4 调查样本 D1（3）题回答统计汇总 单位（%）

选项	完全赞成	基本赞成	既不赞成也不反对	基本反对	完全反对	不清楚不了解
即使没有科学技术，人们也可以生活得很好	8.7	19.7	23.5	27.7	18.2	2.2

表5-5 调查样本 D3（1）题回答统计汇总。在调查舟山市公民对科技与工作之间关系的看法中，被访者对"科学技术的发展会使一些职业消失，但同时也会提供更多的就业机会"的回答情况是，选择"完全赞成"和"基本赞成"的比例为 86.6%；选择"既不赞成也不反对"的比例是 9.2%；选择"基本反对"和"完全反对"的比例为 1.5%；选择"不清楚不了解"的比例为 2.7%。

表5-5 调查样本 D3（1）题回答统计汇总 单位（%）

选项	完全赞成	基本赞成	既不赞成也不反对	基本反对	完全反对	不清楚不了解
科学技术的发展会使一些职业消失，但同时也会提供更多的就业机会	42.6	44.0	9.2	0.9	0.6	2.7

表5-6 调查样本 D1（2）题回答统计汇总。对"现代科学技术将给我们的后代提供更多的发展机会"的回答情况是，选择"完全赞成"和"基本赞成"的比例为 88.3%，选择"既不赞成也不反对"的比例为 9.6%；选择"基本反对"和"完全反对"的比例为 0.9%；选择"不清楚不了解"的比例是 1.2%。

表5-6 调查样本 D1（2）题回答统计汇总 单位（%）

选项	完全赞成	基本赞成	既不赞成也不反对	基本反对	完全反对	不清楚不了解
现代科学技术将给我们的后代提供更多的发展机会	39.4	48.9	9.6	0.5	0.4	1.2

表 5-7 调查样本 C105 题回答统计汇总。电脑算命问题，舟山市公民对"电脑算命"的认知，被访者"参与或尝试过用电脑算命的方法预测人生或命运和对预测的方法和结果相信"的认知正确率为 50.3%；"尝试过，不相信"的被访者有 20.3%；"不知道"的被访者有 15.6%；其余，"很相信"和"有些相信"的被调查者加起来仅有 13.7%。说明只有不足 15% 的被访者对用电脑算命认识程度还不够，不能用科学意识正确认识算命的预测是伪科学的，完全不可信。

本次调查的这个统计数据与 2007 年的调查样本数据（超出三分之二的被调查者（69.828%）选择了"不相信"，剩余的被调查者选择"不知道"，也仅仅占了 10.991%，很相信和有些相信的被调查者加起来仅有 18.750%）相比，选择了"不相信"和"选择尝试过，不相信"的公民比率和是 70.6%，比 2007 年的调查样本相应值稍高一点，但选择"很相信"和"有些相信"的被调查者加起来的比率，比 2007 年的调查样本数据相对降低了 27.1 个百分点。说明舟山市公民对各种迷信能够正确认识有较快的提高。

表 5-7　调查样本 C105 题回答统计汇总

选项	参与过，很相信	参与过，有些相信	尝试过，不相信	没参与过，不相信	不知道
电脑算命	2.0	11.7	20.3	50.4	15.6

三、舟山市公民的文化科学素质

表 5-8 调查样本 D3（2）题回答统计汇总。在调查公民对科技创新的期待中，被访者对"公众对科技创新的理解和支持，是促进我国创新型国家建设的基础"的回答情况是，选择"完全赞成"和"基本赞成"的比例为 85.9%；选择"既不赞成也不反对"的比例为 9.4%；选择"基本反对"和"完全反对"的比例为 0.7%；选择"不清楚不了解"的比例为 4.0%。

表 5-8　调查样本 D3（2）题回答统计汇总　　　　　单位（%）

选项	完全赞成	基本赞成	既不赞成也不反对	基本反对	完全反对	不清楚不了解
公众对科技创新的理解和支持，是促进我国创新型国家建设的基础	38.4	47.5	9.4	0.6	0.1	4.0

表 5-9 调查样本 B1 题回答统计汇总。在 B1 题中，调查被访者在日常生活中，对时事以及各类新闻话题的感兴趣或不感兴趣的程度的回答情况是①对"科学新发现"非常感兴趣和感兴趣的比例是 71.0%；②对"新发明和新技术"非常感兴趣和感兴趣的比例是 69.0%；③对"医学新进展"非常感兴趣和感兴趣的比例是 79.3%；④对"文化与教育"非常感兴趣和感兴趣的比例是 80.0%；⑤对"国家经济发展"非常感兴趣和感兴趣的比例是 80.0%；⑥对"农业发展"非常感兴趣和感兴趣的比例是

61.3%；⑦对"节约资源能源"非常感兴趣和感兴趣的比例是 71.9%；⑧对"生产适用技术"非常感兴趣和感兴趣的比例是 55.6%。

表 5-9　调查样本 B1 题回答统计汇总　　　　　　　　　　　　单位（%）

选项	非常感兴趣	感兴趣	无所谓	不感兴趣	完全不感兴趣	不清楚不了解
（1）科学新发现	26.6	44.4	19.7	6.1	0.9	2.4
（2）新发明和新技术	20.0	49.0	20.2	7.5	1.0	2.4
（3）医学新进展	28.5	50.8	13.5	4.4	0.4	2.4
（4）国际与外交政策	19.4	40.9	26.5	9.0	1.3	3.0
（5）文化与教育	27.7	52.3	13.3	4.5	1.2	1.0
（6）国家经济发展	27.7	52.3	13.3	4.5	1.2	1.0
（7）农业发展	20.5	40.8	26.0	9.4	1.7	1.7
（8）生产适用技术	16.9	38.7	28.4	10.6	2.4	3.1
（9）体育与娱乐	29.6	41.8	18.2	7.0	1.5	2.0
（10）公共安全	29.3	47.8	15.5	4.4	1.1	1.9
（11）节约资源能源	26.9	45.0	18.2	6.0	1.3	2.6

表 5-10 和表 5-11 是调查样本 D4、D5 题回答统计汇总。在舟山市公民心目中对明确的 11 种认为有较高职业声望的排序中，对科学家的排序为第三；在回答期望自己的后代从事有声望的职业的排序中，11 种认为有较高声望职业中，科学家排位第五。

表 5-10　调查样本 D4 题回答统计汇总　　　　　　　　　　　　单位（%）

题序	D4 选项	首选	其次	第三
1	法官	0.0	0.0	0.0
2	教师	20.9	13.8	11.0
3	企业家	11.6	11.1	8.5
4	政府官员	18	11.5	7.9
5	运动员	2.9	7.2	5.2
6	科学家	15.7	15.1	7.6
7	医生	8.1	18.1	13.4
8	记者	2.0	4.1	7.0
9	工程师	4.0	6.4	15.5
10	艺术家	1.5	2.0	4.0
11	律师	1.3	2.4	7.7
12	其他职业	1.7	0.2	2.5
13	没有其他声望好的职业	-	0.1	0.1

表 5-11　调查样本 D5 题回答统计汇总　　　　　　　　单位（%）

题序	D5 选项	首选	其次	第三	未选
1	法官	0.0	0.0	0.0	100.0
2	教师	21.5	10.5	16.2	51.8
3	企业家	15.1	7.8	13.9	63.1
4	政府官员	21.4	8.4	16.5	53.7
5	运动员	2.5	5.0	5.7	86.8
6	科学家	9.8	8.6	10.8	70.7
7	医生	9.5	19.9	17.8	52.8
8	记者	1.5	7.5	3.8	87.1
9	工程师	3.2	12.4	3.4	81.0
10	艺术家	1.1	3.0	1.0	94.8
11	律师	1.4	5.8	2.2	90.6
12	其他职业	1.5	1.9	0.3	96.3
13	没有其他声望好的职业	-	0.4	0.1	99.5

表 5-12 调查样本 D3（4）题回答统计汇总。在调查舟山市公民对基础科学研究的态度中，被访者对"尽管不能马上产生效益，但是基础科学研究是必要的，政府应该支持"的回答情况是，选择"完全赞成"和"基本赞成"的比例是 83.9%；选择"既不赞成也不反对"的比例为 12.0%；选择"基本反对"和"完全反对"的比例是 0.9%；选择"不清楚不了解"的比例是 3.2%。

表 5-12　调查样本 D3（4）题回答统计汇总　　　　　　单位（%）

选项	完全赞成	基本赞成	既不赞成也不反对	基本反对	完全反对	不清楚不了解
尽管不能马上产生效益，但是基础科学研究是必要的，政府应该支持	41.6	42.3	12.0	0.5	0.4	3.2

以上统计结果说明，舟山市公民的整体文化科学素质较高，舟山市公民崇尚科学的精神是很好的。

四、舟山市公民参与公共事务的科学素质

表 5-13 调查样本 D3（5）题回答统计汇总。在调查公民对公众参与科技决策的态度中，被访者对"政府应该通过举办听证会，让公众更有效地参与科技决策的多种途径"的回答情况是，选择"完全赞成"和"基本赞成"的比例是 85.0%；选择"既不赞成也不反对"的比例是 10.6%，选择"基本反对"和"完全反对"的比例是 1.1%，

选择"不清楚不了解"的比例是 3.4%。

表 5-13　调查样本 D3（5）题回答统计汇总　　　　　　单位（%）

选项	完全 赞成	基本 赞成	既不赞成 也不反对	基本 反对	完全 反对	不清楚 不了解
政府应该通过举办听证会，让公众更 有效地参与科技决策的多种途径	45.0	40.0	10.6	0.9	0.2	3.4

表 5-14 调查样本 B7 题回答统计汇总。在 B7 题中，调查公民对于各种事情的参与情况以及参与程度的回答情况，对"阅读报纸、期刊或因特网上关于科学的文章"的选项的回答情况是，选择："经常参与"和"偶尔参与"的比例为 65.8%，选择"很少参与"的比例是 16.9%。对"和亲戚、朋友、同事谈论有关科学技术的话题"的选项的回答情况是，选择："经常参与"和"偶尔参与"的比例为 54.1%；选择"很少参与"的比例是 28.3%。对"参加与科学技术有关的公共问题的讨论和听证会"的选项的回答情况是，选择："经常参与"和"偶尔参与"的比例为 27.8%；选择"很少参与"的比例为 23.3%。

表 5-14　调查样本 B7 题回答统计汇总　　　　　　单位（%）

题序	选项	经常 参与	偶尔 参与	很少 参与	没有 参与过	不知道
1	阅读报纸、期刊或因特网上关 于科学的文章	37.0	28.8	16.9	15.3	2.0
2	和亲戚、朋友、同事谈论有关 科学技术的话题	19.0	35.1	28.3	16.0	1.6
3	参加与科学技术有关的公共问 题的讨论和听证会	10.2	17.6	23.3	42.8	6.0
4	参与关于原子能、生物技术或 环境等方面的建议和宣传活动	8.4	12.0	16.6	48.2	14.8

这个问题的调查样本数据显示，舟山市公民对于参与公共事务的热情、积极心态都显示出具备良好的科学素质。

第六章 总结与展望

一、舟山市公民具备基本科学素质水平测试标准

在舟山市公民具备基本科学素质的调查样本统计数据中，我们仅从三个维度"达标"或"不达标"的视角[9]进行，这个描述公民具备基本科学素质达到的程度仅做参考。虽然本次调查实施是采取两级按与总人口成比例的不等概 PPS 抽样和第三层的简单随机抽样抽取，这种抽样已经较好的解决抽样调查过程中的调查质量问题。统计理论认为，用其调查得来的初级单位中具有某种特征单位所占得比例信息，去推断总体中具有该特征的单位比例 P 是无偏估计量[6]。

信息处理过程中，我们注意到，对判断公民是否具备科学素质的某一维度的某种特征（或某一维度）的测度时，采用"达标"或"不达标"的视角估计比例时，统计信息观测 y_{ij} 取值是 1 或 0，特别是当调查分类得到的部分群体的样本容量较小时，容易产生估计初级单位的某种特征 P_i 较大，所产生的估计方差就会较大，即意味着，估计统计量的不稳定和统计结果的可信度偏低的问题。所以，在当分类某一群体的样本容量较小时，统计分析结果仅作参考。同时，仅以三个维度"达标"或"不达标"的信息统计分析，这种描述公民具备基本科学素质达到程度的信息是太有限了，真实的实况没有得到深入的分析。

由于本次调查信息处理的时间等因素有限，在本报告中，所报告的舟山市公民具备基本科学素质的调查样本的统计数据，仅仅反映了每百人中拥有科学素质的人数，特别是分类群体的统计数据，也是在分类群体中每百人中拥有科学素质的人数。

二、舟山市公民基本科学素质明显提升

为了增强可比性，本次调查仍然用 9 个国际通用的基本科学观点题目的测试对比，将答对这 9 题中的 6 题以上的公民的统计结果作为具备基本科学技术知识的公民，进行与舟山市 2007 年的调查报告中公民具备基本科学知识水平的比较。但由于从 2009 年中国（浙江省）的公民调查问卷中有关国际通用的基本科学观点的测试题目由原来的 9 个题调整为 6 个题，由此，测试选择变量背景发生改变，加之统计可比的结果仅做参考。

表 6-1 显示，2013 年比 2007 年舟山市公民具备基本科学素质的水平明显提升，第一维达标率分别是，44.8%和 44.1%，五年提升 0.7 个百分点；第二维达标率分别是 36.3%和 9.8%，五年提升 26.5 个百分点；第三维达标率分别是 39.9%和 32.0%，五年提升 7.9 个百分点。三维同时达标率分别是，6.8%和 2.9%，五年提升 3.9 个百分点。目前舟山市公民具备基本科学素质的水平是 6.8%。

表 6-1 舟山市公民具备基本科学素质水平　　　　　　单位（%）

序	调查样本	年份	第一维达标率	第二维达标率	第三维达标率	三维同时达标率
1	舟山市公民	2013 年	44.8	36.30	39.9	6.8
2	舟山市公民	2007 年	44.1	9.8	32.0	2.9

注：2007 年的数据来源：舟山市科学技术协会编著，舟山市公民科学素质调查报告，上海科学技术出版社，2008 年，9 月.

三、舟山市公民基本科学素质的水平位置

（一）舟山市公民基本科学素质的水平与全国比较

2010 年全国第八次公民科学素质调查的公布显示，2010 年，全国公民（不包括港澳台地区）为 3.27%，舟山市公民 2007 年具备基本科学素质的水平 2.9%，低于全国公民平均水平 0.39 个百分点；舟山市公民 2013 年具备基本科学素质的水平 5.23%，高于 2010 年全国公民平均水平的 1.96 个百分点。

全国城市居民具备基本科学素质的水平高于农村居民，东部沿海主要省份公民具备基本科学素质的水平高于中西部省份。本次调查结果显示，舟山市城市居民具备基本科学素质的水平高于农村居民的基本科学素质的水平。

（二）舟山市公民基本科学素质的水平与浙江省比较

2010 年浙江省第四次全省公民科学素质调查，从全省 27 个市、县（市、区）中抽取了 3010 个样本，调查对象为全省 18 ~ 69 周岁的公民。调查结果显示，浙江省公民科学素质水平从稳步上升过渡到了快速提升阶段。从 2002 年的 2.10%，2005 年的 2.55%，2007 年的 2.76%，2010 年提升到 5.6%。舟山市公民 2007 年具备基本科学素质的水平 2.9%，高于浙江省公民平均水平的 0.14 个百分点；2013 年舟山市公民具备基本科学素质水平的调查统计估计为 5.23%。

（三）舟山市公民基本科学素质的水平与宁波比较

2010 年宁波市第五次公民科学素质调查结果显示，公民具备基本科学素质水平为 6.55%，城市居民科学素质水平为 9.14%和乡村居民科学素质水平为 4.18%；男性公民科学素质水平为 6.76%和女性公民科学素质水平为 6.41%。本次调查，舟山市公民具

备基本科学素质的水平为 5.23%。低于 2010 年宁波公民平均水平 1.23 个百分点；城市居民科学素质水平为 6.38%，低于 2010 年宁波公民平均水平 2.76 个百分点；乡村居民科学素质水平为 5.42%，高于 2010 年宁波公民平均水平 1.24 个百分点；男性公民具备基本科学素质的比例为 5.92%；低于 2010 年宁波公民平均水平 0.84 个百分点；女性公民具备基本科学素质的比例是 5.81%，低于 2010 年宁波公民平均水平 0.6 个百分点。

另外，2013 年舟山市公民基本科学素质水平与 2010 年江苏省苏州市公民基本科学素质水平的 7.52% 比，低 2.29 个百分点；与南京公民基本科学素质水平 7.10% 比，低 1.87 个百分点。

总之，本次调查数据显示，与全国各中等城市公民基本科学素质水平调查数据相比较，特别是江浙长三角地区的各城市公民基本科学素质水平调查数据相比较，提高舟山市公民基本科学素质水平的工作任重道远。

四、本次调查的相关问题

（一）相关信息数据统计问题说明

在完成此报告中，尽管我们采用了一些信息质量控制手段和统计分析方法，力求使调查样本的统计结果尽量反映原本的面目，但样本的统计结果仍然存在和表现出有调查偏差的迹象。对于公民具备科学素质的调查，是反映公民对科学的认识和理解水平，是衡量公民整体素质高低的重要内容，必然存在方方面面的敏感问题，因此不可避免地存在能否较好地配合调查的种种因素，这些都会直接影响到调查信息的数据质量，也不可避免的影响调查统计分析结果。

（二）建议进一步完善测试的指标体系

为更好地描述公民科学素质整体程度，建议应进一步完善测试的指标体系，对科学知识的认知的测试，获取科技信息的渠道和公民对科技的态度的整体信息的多视角，采用多变量统计分析方法的因子分析法进行调查样本的综合统计分析，得到公民科学素质指数。其分析是利用调查的全部信息综合分析调查个案的状况，可较好的表征公民具备科学素质的水平。

五、展望

舟山新区的建设发展，将推动公民基本科学素质水平的提升。海洋经济大发展，将推动公民基本科学素质水平的提升。党中央、国务院高度重视海洋经济发展，明确提出要制定和实施海洋发展战略,2007 年,党的十七大报告提出"发展海洋产业",2010 年,中央在国民经济和社会发展"十二五"规划建议中提出"发展海洋经济",涉及海洋的产业列入《国务院关于加快培育和发展战略性新兴产业的决定》,沿海地区一系列重大发展规划成为国家战略规划,山东、浙江和广东等成为海洋经济发展的示范区;2011 年初国家发改委先后报请国务院批复了《山东半岛蓝色经济区发展规划》和《浙江海洋经济发展示范区规划》;6 月 30 日,国务院又以国函〔2011〕77 号文件,正式批准设立浙江舟山群岛新区。党的十八大报告提出"建设海洋强国"。舟山是全国唯一的以岛建市的群岛新区,在世界已进入海洋世纪的今天,舟山新区公民的科学素质水平的高低直接影响新区的建设与发展。要建设与新区发展相适应的舟山居民的科学素质,因此,落实科学发展观,构建社会主义和谐社会,培养舟山新区公民的创新精神,建设创新文化,要求公民具备科学高尚思想,行为端正,能用科学的思维看待和处理实际问题,参与公共事务。在舟山市委的正确领导下,随着经济社会的快速发展,舟山市公民物质生活得到进一步改善的同时,全民的道德修养、科学素质将明显提升。我们必须看到,舟山新区的建设与发展需要舟山公民基本科学素质水平的提升。

参考文献

[1] 国务院，《全民科学素质行动计划纲要（2006 – 2010 – 2020 年）》[Z]，北京：人民出版社，2006 年 3 月.

[2] 中国科普研究所，2009 中国公民科学素质调查（调查员手册）[K]，2009 年 10 月.

[3] 苏金明等编著，统计软件 SPSS 系列二次开发篇[M]，北京：电子工业出版社，2003 年 1 月.

[4] 杜智敏编著，抽样调查与 SPSS 应用[M]，北京：电子工业出版社，2010 年 5 月.

[5] 张文彤、邝春伟编著，SPSS 统计分析基础教程（第 2 版）[M]，北京：高等教育出版社，2011 年 11 月.

[6] 倪加勋主编，抽样调查，大连：东北财经大学出版社[M]，1994 年 11 月.

[7] 舟山市科学技术协会编著，舟山市公民科学素质调查报告[R]，上海：上海科学技术出版社，2008 年 9 月.

[8] 刘立，公民科学素质的定义、内涵及理念新探[J]，科学，2007 年.

[9] 潘苏东、褚慧玲，科学素养的基本内涵——三维模式[J]，科学（双月刊），2004 年 11 月.

附件 1

舟山市 2013 年公民科学素质水平抽样调查工作实施

一、抽样调查组织构成

1. 组织单位：舟山市科学技术协会
2. 协作单位：舟山市统计局、浙江海洋学院
3. 抽样调查实施单位及负责人：舟山市科学技术协会　浙江海洋学院

二、抽样调查过程

1. 调查对象：舟山市公民（18~69 岁的成年人）。
2. 调查目的：依据《舟科协〔2012〕26 号》要求。
3. 调查内容：调查问卷表号:K2；制定机关：舟山市科学技术协会；批准机关：舟山市统计局；批准文号：舟统函〔2012〕10 号。

调查问卷为《舟山公民科学素质抽样调查问卷》，主要包括以下内容：公民对科学的理解、公民的科学信息来源和公民对科学技术的态度等共 108 道测试题目。具体指标体系见附表 1-1。

4. 抽样调查过程：依据《舟科协〔2012〕26 号》文件精神，舟山市统计局拟定《2013 年舟山市公民科学素质调查抽样方案》。组织抽样调查，组织培训单位及负责人：吴瑜良、张　荣；抽样调查组织落实单位及负责人：舟山市科学技术协会吴瑜良。本调查采用分层的三阶段不等概率抽样，并按与总人口成比例的 PPS 抽样施测方法，此次调研发放问卷 1500 份，回收问卷 1499 份。

5. 信息数据统计处理由浙江海洋学院汪立副教授完成。

三、调查信息统计与报告撰写形成过程

1. 调查信息处理过程：对回收的调查问卷进行信息编码录入，经三轮校核和数据净化处理，取得有效问卷为 1486 份。由调查报告撰稿人通过运用 SPSS19.0 软件二次编程统计分析，得出统计分析结果。

2. 抽样调查报告时间：2013 年 12 月 10 日。

附件 2

2013 年舟山市公民科学素质
抽样调查乡镇（街道）、村（社区）名单

县区	乡镇、街道	层次类型	各乡镇、街道应抽居（村）委会数	各乡镇、街道应抽居（村）委会名称
定海区	解放街道	1	3、0	南珍社区、西园社区、金寿社区
	昌国街道	1	3、0	留方社区、北园社区、香园社区
	城东街道	1	3、0	檀香社区、檀东社区、昌东社区
	临城街道	1	1、2	桂花城社区、胜山村、马鞍村
	盐仓街道	2	0、3	虹桥村、兴舟村、新螺头村
	小沙镇	2	0、3	青岙村、庙桥村、增辉村
	白泉镇	2	0、3	白泉村、金山村、平湖村
	双桥镇	2	0、3	涅溪村、临港村、桥头施村
	北蝉乡	3	0、3	星塔村、星马村、小展村
普陀区	沈家门街道	1	3、0	泗湾社区、新街社区、西大社区
	东港街道	1	2、1	安康社区、灵秀社区、永兴村
	勾山街道	2	0、3	芦花村、南岙村、曙光村
	朱家尖镇	3	0、3	顺母村、西岙村、福兴村
岱山县	高亭镇	2	2、1	沙涂社区、竹屿社区、官山村
	东沙镇	2	2、1	东沙社区、桥头社区、司基村
	岱东镇	3	0、3	涂口村、龙头村、北峰村
嵊泗县	菜园镇	2	2、1	菜圃社区、海滨社区、关岙村
	五龙乡	3	0、3	边礁村、黄沙村、会城村

附件 3

舟山市公民科学素质调查抽样方案

一、抽样方案设计原则

2013 年舟山市公民科学素质调查是通过对全市的调查了解并分析舟山市公民（18~69 岁的成年人）的科学素质水平与现状，获得被访者的基本信息、公民的科学信息来源、对科学的理解、对科学技术的态度等基本情况。

本次抽样方案的设计遵循科学、效率、便利的原则。首先采用科学的概率抽样原则；其次，注意抽样效率和经济原则，考虑样本容量和结构，使目标估计量的抽样误差尽可能小；第三，在满足科学、有效的前提下，考虑舟山市行政区域和人口的历史及变动情况，并考虑抽样方案的具体可操作性。

二、抽样方案设计

由于舟山市各县（区）、乡镇（街道）经济、文化、人口的差异较大，并受近几年行政区划的变动影响较大，为提高估计的精度，我们采用分层的三阶段不等概率抽样，各阶段的抽样单位为：

第一阶段：以街道、乡镇为一级抽样单位；

第二阶段：以居民委员会（城市社区）、村民委员会（农村社区）为二级抽样单位；

第三阶段：以家庭住户并在每户中确定一人为最终单位。

在第一阶段为提高抽样效率，对乡镇、街道的抽样中，考虑到我市农业人口基数相对较大，采取按年财政收入、年工业总产值、渔农民人均年收入进行分层，在分层的基础上采取按与总人口成比例的 PPS 抽样；第二阶段中对居民委员会、村民委员会的抽取采用按农业人口、非农业人口划分的 PPS 抽样；第三阶段按一定的方法采用简单随机抽样抽取住户中的某一人。

1. 抽样样本量的确定

由于调查的结果主要是估计各种比例数据以及比例数据之间的比较，所以抽样样本量的确定是以简单随机抽样的总体比例 P 计算出的理论样本量为基础。一般在类似的调查中，采取 95% 的置信度（可靠度、可信度，有 5% 的可能出现误差），并按极限误差不超过 3% 的水平进行计算理论样本量，本次调查也采用这种惯例，则得到理论样本量为：

$$n_0 = [u_\alpha^2 P (1-P)]/d^2$$

其中 d 为抽样极限误差取 0.03；u_α 为给定置信度 $1-\alpha$ 下的临界值，在置信度为 0.95 时取 1.96；P 是总体比例较难估计，采用保守策略取 $P = 0.5$ 使 $P(1-P)$ 达到最大 0.25。

由此计算出

$$n_0=1067$$

由于采用分层三阶段抽样的复杂性，我们取得设计效应 *deff* = 1.4，在理论样本量的基础上，我们计算出本次应抽取的样本量

$$N=n_0×deff=1493.8$$

为方便起见，我们取 *N* = 1500（人）。

2. 抽样单位与样本的分配

经过行政区域变动，2011 年底舟山市共有 43 个乡镇、街道，考虑到要抽取 1500 个样本和经济、有效的原则，根据以往的经验和其他市的设计，结合舟山岛屿分布较广的特点，抽取面考虑大一些，确定抽取的一级单位（乡镇、街道）18 个，占舟山市总乡镇、街道数的 41.86%。对于确定的乡镇、街道，按照农业和非农业人口的比例，抽取 3 个相应的居民委员会、村民委员会。因为 2011 年我市城镇化水平已达到 64.3%，城市化进程不断推进，而居民委员会（城市社区）居住的人口比较集中，密度也较高，在居民委员会（城市社区）与村民委员会之间按照 1.28∶1 的比例确定家庭户数，最后在相应的居民委员会随即抽取 32 户、村民委员会中随机抽取 25 户，在每户中选取 18~69 岁之间成员调查 1 人。如下表 A3-1 所示：

表 A3-1　抽样单位与样本的分配

	一级抽样（乡镇、街道）	二级抽样（居、村委会）	三级抽样（家庭、个人）
舟山市	第一层（6）	村委会（3）	共 555 户 555 人
		居委会（15）	
	第二层（8）	村委会（17）	共 649 户 649 人
		居委会（7）	
	第三层（4）	村委会（12）	共 300 户 300 人
		居委会（0）	

3. 第一阶段抽样

（1）分层基准的确定

考虑到定海区的解放街道、昌国街道、环南街道、城东街道和普陀区的沈家门街道、东港街道及新城管委会的临城街道在舟山发展史上和功能上的特殊性，我们把解放街道等 7 个街道分为第一层；把人口相对集中，交通便利，工业较发达，工业总产值在 20 亿元以上，经济社会发展规模较大的勾山街道等 17 个乡镇、街道分为第二层；把人口相对较少，交通不太方便，工业较落后，经济社会发展规模较小的白沙乡等 19 个乡镇分为第三层。

（2）分层结果和抽样分配

按照分层基准的确定办法，得到分层结果如下：

①第一层共有 7 个街道（解放街道、昌国街道、环南街道、城东街道、沈家门街

道、东港街道、临城街道），人口数为 312326 人，非农业人口 244924 人。

②第二层共有 17 个乡镇、街道（盐仓街道、金塘镇、小沙镇、白泉镇、干览镇、岑港镇、马岙镇、双桥镇、册子乡、勾山街道、六横镇、高亭镇、东沙镇、长涂镇、岱西镇、秀山乡、菜园镇），人口数为 413362 人，非农业人口 88541 人。

③第三层共有 19 个乡镇（北蝉乡、长白乡、朱家尖街道、展茅街道、普陀山镇、桃花镇、虾峙镇、东极镇、白沙乡、登步乡、蚂蚁岛乡、衢山镇、岱东镇、嵊山镇、洋山镇、五龙乡、黄龙乡、枸杞乡、花鸟乡），人口数为 244182 人，非农业人口 32606 人。

我们采用按与总人口成比例的 *PPS* 抽样，同时兼顾到第一层居住人口较集中，交通较为便利，又是政治、社会、科学、文化发展中心，绝大部分被抽中；第二层是经济尤其是工业经济较为发达，抽取比例相对高些；第三层经济相对较为落后，交通不便，抽取比例低些。得出各层中应抽的乡镇、街道数如下表 A3-2 所示：

表 A3-2　分层结果和抽样分配

层别	人口数	占总人口的比例（%）	分层乡镇、街道数	样本分配
第一层	312326	32.2	7	6
第二层	413362	42.6	17	8
第三层	244182	25.2	19	4

每层应抽取的乡镇、街道如下表 A3-3 所示：

表 A3-3　分层抽取的乡镇、街道

层别	分层应抽取的乡镇、街道
第一层	定海区：解放街道、昌国街道、城东街道、临城街道 普陀区：沈家门街道、东港街道
第二层	定海区：盐仓街道、小沙镇、白泉镇、双桥镇 普陀区：勾山街道 岱山县：高亭镇、东沙镇 嵊泗县：菜园镇
第三层	定海区：北蝉乡 普陀区：朱家尖街道 岱山县：岱东镇 嵊泗县：五龙乡

4. 第二阶段抽样

（1）对不同性质人口比例的划分

该阶段的样本是在既定的乡镇、街道按城市和农村户口分层抽取，即对城市户口抽取居委会，对农村户口抽取村委会。具体操作时，参照舟山市各乡镇、街道 2011 年底户籍城乡人口比例（1：1.628），按下述规则进行：

如果该乡镇、街道的非农业人口与农业人口的比例大于等于 2.7，则在乡镇、街道中抽取 3 个居委会；如果非农业人口与农业人口的比例大于等于 0.46 且小于 2.7，则抽取 2 个居委会和 1 个村委会；若非农业人口与农业人口的比例大于等于 0.17 且小于 0.46，则抽取 1 个居委会和 2 个村委会；如果非农业人口与农业人口的比例小于 0.17，则采取抽取 3 个村委会的方法。个别居委会数不够或没有，则就少抽居委会或抽村委会，经过计算得到一共需要抽取 22 个居委会、32 个村委会。

（2）居委会和村委会的抽取办法

居委会和村委会按与总人口成比例的 PPS 抽样，即先按照既定的城乡人口比例确定出应抽取的居委会（村委会）数目 n；然后查出每个居委会（村委会）的总人口数，再分别按照居委会（村委会）的自然顺序将人口数进行累计并作出累计人口频数表，设该乡镇居委会（村委会）的累计人口数为 S；再由计算器生产 n 个（0-1）之间的随机数 a_1，a_2，……，a_n，由此，得到 n 个数 $[s_{a1}]$，$[s_{a2}]$，……，$[s_{an}]$；最后再由累计人口频数表查出应抽出的 n 个居委会（村委会）。

详细过程举例

假设在第一阶段抽样中抽中了解放街道，且共有 10 个居委会，一个村委会。根据解放街道人口资料共有 34381 人，非农业人口 33668 人，非农业人口与农业人口比例大于 2.7，抽取 3 个居委会。

①解放街道（居委会）累计人口频数表 A3-4 如下所示：

表 A3-4　抽样人口频数表举例

居委会名称	总人口（频数）	累计人口频数	应抽取居委会
海山社区居委会	5332	5332	
南珍社区居委会	1876	7208	√
翁山社区居委会	2860	10068	
西园社区居委会	4968	15036	√
晓峰社区居委会	1901	16937	
西管庙社区居委会	1876	18813	
金寿社区居委会	4875	23688	√
虎山社区居委会	4935	28623	
西山社区居委会	2879	31502	
竹山社区居委会	1448	32950	

②用计算器产生随机数。

本例产生 3 个随机数：0.213；0.412；0.691。

③用产生的随机数乘以累计人口数：

32950×0.213≈7018，　32950×0.412≈13575，　32950×0.691≈22768.

④由于 7018 位于 5332 和 7208 之间，13575 位于 10068 和 15036 之间，22768 位于 18813 和 23688 之间，于是南珍、西园、金寿三个居委会被抽中。

若按上述规则计算出有重复的居委会，则重新产生一个随机数，重复上述过程，直到抽中的居委会满足条件为止；村委会的抽样方法同上。

第二阶段抽样结果如表 A3-5 所示：

表 A3-5　抽样结果汇总

县区	乡镇、街道	层次类型	各乡镇、街道应抽居（村）委会数	各乡镇、街道应抽居（村）委会名称
定海区	解放街道	1	3、0	南珍社区、西园社区、金寿社区
	昌国街道	1	3、0	留方社区、北园社区、香园社区
	城东街道	1	3、0	檀香社区、檀东社区、昌东社区
	临城街道	1	1、2	桂花城社区、胜山村、马鞍村
	盐仓街道	2	0、3	虹桥村、兴舟村、新螺头村
	小沙镇	2	0、3	青岙村、庙桥村、增辉村
	白泉镇	2	0、3	白泉村、金山村、平湖村
	双桥镇	2	0、3	浬溪村、临港村、桥头施村
	北蝉乡	3	0、3	星塔村、星马村、小展村
普陀区	沈家门街道	1	3、0	泗湾社区、新街社区、西大社区
	东港街道	1	2、1	安康社区、灵秀社区、永兴村
	勾山街道	2	0、3	芦花村、南岙村、曙光村
	朱家尖镇	3	0、3	顺母村、西岙村、福兴村
岱山县	高亭镇	2	2、1	沙涂社区、竹屿社区、官山村
	东沙镇	2	2、1	东沙社区、桥头社区、司基村
	岱东镇	3	0、3	涂口村、龙头村、北峰村
嵊泗县	菜园镇	2	2、1	菜圃社区、海滨社区、关岙村
	五龙乡	3	0、3	边礁村、黄沙村、会城村

5. 第三阶段抽样

（1）居委会（村委会）对家庭户的抽样

居委会（村委会）对家庭户的抽样，由于各家庭的人口相差不多，为简单起见，采用随机起点的等概率系统抽样，即等距抽样。具体步骤是：先查出抽中居委会（村委会）的总户数 N，以该总户数 N 除以所需样本家庭户数 n，本方案中 $n = 32$（居委会）或 $n = 25$（村委会），即得抽样间隔数 $R = [N/32（25）]$，其中中括号表示取整运算；再从 $1-B$ 中抽出一个随机整数 T（T 的选取方法：利用函数计算器上的随机函数功能键，随意按一下此键就可显示一个 0 到 1 之间的三位小数 t，将此 t 与抽样间隔 R 相乘，所得数舍去小数部分即得随机整数 T），则该居委会按顺序排列的第 T 户即为抽到的第一户。若第 T 户为不合格户（即户中无合格被调查对象），则以 T 的前一户

（T-1）代表，若（T－1）户仍不合格，则以 T 的后一户（T＋1）代替，依此类推，（T－2）、（T＋2）、……，然后以 T 为基础再往下找到第（T＋R）户；按上述方法，找到合格户后，再以（T＋R）为基础继续往后找第（T＋2R）户，以此类推，直到找到所需的样本户数。

简单举个例子，假定解放街道南珍社区共 717 户，R = [717/32]=22，假定随机数是 0.161，则

$$T=[0.161*22]=3$$

那么抽取 33 户的具体分布为：

3、25、47、69、91、113、135、157、179、201、223、245、267、289、311、333、355、377、399、421、443、465、487、509、531、553、575、597、619、641、663、685。

（2）家庭户内被调查对象的确定

家庭户内被调查对象可按照调查问卷中二维随机数表来确定。另外，在实际调查中，使家庭中每一个合格的调查对象均有同等机会被抽取，同时考虑可操作性比较强的因素，我们建议也可按以下随机抽人的方法：

①合格的被调查对象生日距调查日期最近的人；

②户口簿中户主或家庭成员第一人；

③家庭愿意接受调查被指定的某一人；

④其他随机调查的合格对象。

表 A3-6　2013 年中国（浙江省）公民科学素质调查指标体系表

一级指标	二级指标	三级指标	问卷测试题号
公民对科学的理解	1 基本科学知识	（1）对科学术语的理解	C3、C4、C5、C6
		（2）对科学基本观点的了解	C1（1-9）、C2（1-9）
	2 基本科学方法	（3）对"科学的研究事物"的理解	C7
		（4）对"对比法"的理解	C8
		（5）对概率的理解	C9
	3 科学与社会之间的关系	（6）迷信的相信程度及行为	C10（1-5）
		（7）科学对个人行为的影响	C11
公民的科技信息来源	4 对科学技术信息的感兴趣程度	（8）对科技新闻话题的感兴趣程度	B1（1-11）
		（9）最感兴趣的科技发展信息	B2
	5 获取科技发展信息的渠道	（10）纸质媒体	B3（1-4）
		（11）影视媒体	B3（5）
		（12）声音媒体	B3（6）
		（13）电子媒体	B3（7）
		（14）人际交流	B3（8）

（续）

一级指标	二级指标	三级指标	问卷测试题号
	6 参加科普活动的情况	（15）专门的科普活动	B4（1-2）（5-6）
		（16）日常的科普活动	B4（3-4）
	7 参观科普设施的兴趣	（17）科技类场馆	B5（1-3）
		（18）人文艺术类场馆	B5（4-5）
		（19）身边的科普场所	B5（7-9）
		（20）专业科技场所	B5（9-10）
	8 参观科普设施的情况和原因	（21）科技类场馆	B6（1-3）
		（22）人文艺术类场馆	B6（4-5）
		（23）身边的科普场所	B6（7-9）
		（24）专业科技场所	B6（9-10）
	9 参与公共科技事物的程度	（25）自己关心	B7（1）
		（26）和亲友讨论	B7（2）
		（27）热心参加	B7（3）
		（28）主动参与	B7（4）
公民对科学技术的态度	10 对科学技术的看法	（29）科技与生活	D1（1）（3）
		（30）科技与工作	D3（1）
		（31）对科技的总体认识	D2（1-2）、D1（5）
公民对科学技术的态度	11 对科学家和科学事业的看法	（32）对科学家职业的看法	D4、D5
		（33）对科学家的工作的认识	D2（4）、D3（3）
	12 对科学技术发展的认识	（34）对科技发展的期待	D1（2）、D3（1）
		（35）科技发展与自然资源	D2（3）（5）、D8
		（36）对公众参与科技决策的态度	D3（5）
		（37）对基础科学研究的态度	D3（4）
	13 对科技创新的态度	（38）对科技创新的期待	D1（4）、D3（2）
		（39）对技术应用的看法	D6、D7

附件 4

2013 年舟山市公民科学素质抽样调查问卷及基本信息汇总

问卷编号：

表　　号：K2

制定机关：舟山市科学技术协会

批准机关：舟山市统计局

批准文号：舟统函{2012}10 号

有效期至：2013 年 12 月 30 日

被访者的地区识别信息	地区编码
区县/街道（乡镇）：	□
村/社区：	□

一、抽样调查数据预处理

调查信息数据验证采用数据净化的方法，对本次调查样本的填答信息进行八类验证和查错，其定义如下：

error1：验证答卷方式正确的信息（检查是否存在无效答卷）；

error2：验证文化程度与读高中所学偏科情况查错；

error3：关于"辐射"问题在回答 C6 和 C6a 两个问题中是否一致（查错）；

error4：关于"辐射"问题在回答 C2（6）和 C6a（8）两个问题中是否一致（查错）；

error5：关于迷信问题在回答 C10 和 C11（4）两个问题中是否一致；

error6：多选题（三选）并排序题中不能重复选择的数据验证（查错）；

error7：回答 C11（1）不再回答 C11（2~9）各问题的查错和验证；

error8：答卷开始时间>结束时间的数据验证（查错）。

1. 调查样本的查错结果统计见下表：

表 A4-1　查错统计汇总表

问卷查错结果		error1	error2	error3	error4	error5	error6	error7	error8
N	有错误问卷数	0	2	0	0	0	0	0	11
	问卷总数合计	1499	1497	1499	1499	1499	1499	1499	1488

2. 对于问卷本身填答错误的问卷编号是:

表 A4-2　文化程度与读高中所学偏科情况查出错误

	问卷编号	频率	A4	A4a
IF　(whcdA4 <= 3 AND gzpkA4a > 0)　error2 =1				
error2	0899	1	3	1
	1402	1	3	1
	合计	2	2	2

表 A4-3　答卷的开始时间大于结束时间检查的错误

	问卷编号	频率	N1	N3
IF　(N1>= N3)　error8 =1				
error8	0165	1	15:41	14:00
	0251	1	15:50	15:10
	0333	1	16:30	15:03
	0616	1	15:10	14:50
	0640	1	20:10	9:15
	0717	1	15:15	14:01
	1017	1	15:40	14:10
	1200	1	14:55	13:25
	1443	1	16:52	15:27
	1464	1	14:50	14:36
	1473	1	15:12	14:32
	合计	11		

二、调查样本有效回收情况统计汇总

表 A4-4　调查样本有效回收情况统计汇总

		区县编码	街镇编码	村社编码	城镇乡村编码	被访者答卷方式
样本数	有效	1486	1486	1486	1486	1486
	缺失	0	0	0	0	0

1. 县区调查分布

表 A4-5　调查样本各县区回收情况统计汇总

	区(县)	频率	百分比(%)	有效百分比(%)	累积百分比(%)
有效	嵊泗县	160	10.8	10.8	10.8
	岱山县	253	17.0	17.0	27.8
	普陀区	333	22.4	22.4	50.2
	定海区	740	49.8	49.8	100.0
	合计	1486	100.0	100.0	

2. 街道（乡镇）调查分布

表 A4-6　调查样本街道（乡镇）回收情况统计汇总

		频率	百分比	有效百分比	累积百分比
有效	菜园镇	64	4.3	4.3	4.3
	嵊山镇	88	5.9	5.9	10.2
	五龙乡	96	6.5	6.5	16.7
	高亭镇	89	6.0	6.0	22.7
	东沙镇	89	6.0	6.0	28.7
	岱东镇	75	5.0	5.0	33.7
	沈家门街道	96	6.5	6.5	40.2
	勾山街道	75	5.0	5.0	45.2
	朱家尖街道	74	5.0	5.0	50.2
	解放街道	96	6.5	6.5	56.7
	昌国街道	96	6.5	6.5	63.1
	城东街道	95	6.4	6.4	69.5
	盐仓街道	75	5.0	5.0	74.6
	临城街道	81	5.5	5.5	80.0
	小沙镇	75	5.0	5.0	85.1
	双桥镇	73	4.9	4.9	90.0
	白泉镇	75	5.0	5.0	95.0
	北蝉乡	74	5.0	5.0	100.0
	合计	1486	100.0	100.0	

3. 村社调查分布

表 A4-7　调查样本各村社回收情况统计汇总

		频率	百分比	有效百分比	累积百分比
有效	菜圃社区	32	2.2	2.2	2.2
	海滨社区	32	2.2	2.2	4.3
	关岙村	24	1.6	1.6	5.9
	边礁村	24	1.6	1.6	7.5
	黄沙村	24	1.6	1.6	9.2
	会城村	24	1.6	1.6	10.8
	涂口村	25	1.7	1.7	12.4
	龙头村	25	1.7	1.7	14.1
	北峰村	25	1.7	1.7	15.8
	沙涂社区	32	2.2	2.2	18.0
	竹屿社区	32	2.2	2.2	20.1

（续）

		频率	百分比	有效百分比	累积百分比
有效	东沙社区	31	2.1	2.1	22.2
	司基村	26	1.7	1.7	24.0
	桥头社区	32	2.2	2.2	26.1
	官山村	25	1.7	1.7	27.8
	芦花村	25	1.7	1.7	29.5
	曙光村	25	1.7	1.7	31.2
	南岙村	25	1.7	1.7	32.8
	福兴村	25	1.7	1.7	34.5
	顺母村	24	1.6	1.6	36.1
	西岙村	25	1.7	1.7	37.8
	安康社区	32	2.2	2.2	40.0
	灵秀社区	31	2.1	2.1	42.1
	永兴村	25	1.7	1.7	43.7
	西大社区	32	2.2	2.2	45.9
	泗湾社区	32	2.2	2.2	48.0
	新街社区	32	2.2	2.2	50.2
	留方社区	32	2.2	2.2	52.4
	北园社区	32	2.2	2.2	54.5
	香园社区	32	2.2	2.2	56.7
	星塔村	25	1.7	1.7	58.3
	星马村	24	1.6	1.6	60.0
	小展村	25	1.7	1.7	61.6
	南珍社区	49	3.3	3.3	64.9
	西园社区	15	1.0	1.0	65.9
	金寿社区	32	2.2	2.2	68.1
	浬溪村	24	1.6	1.6	69.7
	林港村	24	1.6	1.6	71.3
	桥头施	25	1.7	1.7	73.0
	虹桥村	25	1.7	1.7	74.7
	兴舟村	25	1.7	1.7	76.4
	新骡头村	25	1.7	1.7	78.1
	白泉村	25	1.7	1.7	79.7
	金山村	25	1.7	1.7	81.4
	平湖村	25	1.7	1.7	83.1

（续）

		频率	百分比	有效百分比	累积百分比
有效	增辉社区	25	1.7	1.7	84.8
	庙桥社区	25	1.7	1.7	86.5
	青乔社区	25	1.7	1.7	88.2
	昌东社区	32	2.2	2.2	90.3
	檀东社区	31	2.1	2.1	92.4
	檀香社区	32	2.2	2.2	94.5
	桂花城社区	32	2.2	2.2	96.7
	胜山村	25	1.7	1.7	98.4
	马鞍村	24	1.6	1.6	100.0
	合计	1486	100.0	100.0	

4. 城镇和乡村个案抽样分布

表 A4-8　调查样本城乡个案回收情况统计汇总

		频率	百分比	有效百分比	累积百分比
有效	城镇（社区）	669	45.0	45.0	45.0
	非城镇（乡村）	817	55.0	55.0	100.0
	合计	1486	100.0	100.0	

二维随机数表

序号	姓名	性别	年龄	1	2	3	4	5	6	7	8	9	10	11	12
1				1	1	1	1	1	1	1	1	1	1	1	1
2				2	1	1	2	1	2	1	2	1	2	2	1
3				3	2	1	1	3	2	2	1	3	1	2	3
4				4	1	3	2	2	3	1	4	3	2	4	1
5				5	4	1	2	3	4	1	2	3	5	4	2
6				6	3	1	5	2	4	3	5	1	4	6	2
7				7	1	4	3	6	2	5	2	5	7	4	3
8				8	4	5	7	1	2	6	3	7	5	3	1
9				9	5	1	4	3	8	2	7	6	5	2	8
10				10	3	5	9	4	1	7	2	8	6	9	4
11				11	6	1	5	10	4	9	8	3	2	7	6
12				12	7	2	9	4	11	6	1	8	3	10	5

备注：上表未做信息统计。

N1.答卷方式

表 A4-9　调查样本被访者答卷方式情况统计汇总

		频率	百分比	有效百分比	累积百分比
有效	1.调查员与被访者一对一面访	697	46.9	46.9	46.9
	2.被访者独立自填	789	53.1	53.1	100.0
	合计	1486	100.0	100.0	

N2.答卷开始时间（记录）＿＿＿＿＿时＿＿＿分

三、舟山市公民科学素质调查基本数据统计

第一部分　个人基本情况

表 A4-10　调查样本有效回收统计汇总

		被访者性别	被访者民族	被访者年龄	被访者文化程度	被访者高中所学习的内容偏科情况	被访者现在职业	被访者归属群体
样本数	有效	1486	1486	1486	1485	660	1485	1485
	缺失	0	0	0	1	826	1	1

A1.被访者性别[单选]

表 A4-11　调查样本被访者性别统计汇总

舟山市		频率	百分比	有效百分比	累积百分比
有效	男	649	43.7	43.7	43.7
	女	837	56.3	56.3	100.0
	合计	1486	100.0	100.0	

A2. 被访者民族[单选]

表 A4-12　调查样本被访者民族统计汇总

		频率	百分比	有效百分比	累积百分比
有效	汉族	1479	99.5	99.5	99.5
	其他民族	7	0.5	0.5	100.0
	合计	1486	100.0	100.0	

A3. 被访者年龄[单选]

表 A4-13　调查样本被访者年龄统计汇总

		频率	百分比	有效百分比	累积百分比
有效	18—24 周岁	68	4.6	4.6	4.6
	25—29 周岁	118	7.9	7.9	12.5
	30—34 周岁	122	8.2	8.2	20.7
	35—39 周岁	172	11.6	11.6	32.3
	40—44 周岁	229	15.4	15.4	47.7
	45—49 周岁	228	15.3	15.3	63.1
	50—54 周岁	177	11.9	11.9	75.0
	55—59 周岁	151	10.2	10.2	85.1
	60—64 周岁	117	7.9	7.9	93.0
	65—69 周岁	104	7.0	7.0	100.0
	Total 合计	1486	100.0	100.0	

A4. 被访者文化程度[单选]

表 A4-14　调查样本被访者文化程度统计汇总

		频率	百分比	有效百分比	累积百分比
有效	不识字或识字很少	59	4.0	4.0	4.0
	小学	243	16.4	16.4	20.3
	初中	504	33.9	33.9	54.3
	高中（中专、技校）	374	25.2	25.2	79.5
	大学专科	187	12.6	12.6	92.1
	大学本科	115	7.7	7.7	99.8
	硕士研究生及以上	3	0.2	0.2	100.0
	合计	1485	99.9	100.0	
缺失	0	1	0.1		
合计		1486	100.0		

其中，读高中（中专、技校）时，所学的内容偏科情况分布

表 A4-15　调查样本被访者读高中（中专、技校）时，所学的内容偏科情况统计汇总

		频率	百分比	有效百分比	累积百分比
有效	偏文科	409	27.5	62.0	62.0
	偏理科	251	16.9	38.0	100.0
	合计	660	44.4	100.0	

（续）

		频率	百分比	有效百分比	累积百分比
缺失	0 （A4<3）	813	54.7		
	9 （A4>3）	13	0.9		
	合计	826	55.6		
合计		1486	100.0		

A5. 被访者现在职业[单选]

表 A4-16　调查样本被访者职业统计汇总

		频率	百分比	有效百分比	累积百分比
有效	国家机关、党群组织负责人	29	2.0	2.0	2.0
	企业事业单位负责人	43	2.9	2.9	4.8
	专业技术人员	113	7.6	7.6	12.5
	办事人员与有关人员	247	16.6	16.6	29.1
	农林牧渔水利业生产人员	112	7.5	7.5	36.6
	商业及服务业人员	222	14.9	14.9	51.6
	生产及运输设备操作工人	104	7.0	7.0	58.6
	学生及待升学人员	21	1.4	1.4	60.0
	失业人员及下岗人员	42	2.8	2.8	62.8
	离退休人员	162	10.9	10.9	73.7
	家务劳动者	316	21.3	21.3	95.0
	其他（记录）	74	5.0	5.0	100.0
	Total	1485	99.9	100.0	
缺失	0	1	0.1		
合计		1486	100.0		

A6. 被访者归属群体[单选]

表 A4-17　调查样本被访者归属重点关注群体统计汇总

		频率	百分比	有效百分比	累积百分比
有效	1 领导干部和公务员	63	4.2	4.2	4.2
	2 城镇劳动人口	639	43.0	43.0	47.2
	3 农民	740	49.8	49.8	97.0
	4 其他（被访者现在主要从事的工作）	44	3.0	3.0	100.0
	Total	1486	99.9	100.0	
缺失	0	1	0.1		
合计		1487	100.0		

第二部分　公民的科技信息来源

下面，我们想了解几个与公民日常生活有关的问题（统计汇总）。

B1. 在日常生活中，您对时事感兴趣吗？请您依次说说对下面各类新闻话题的感兴趣或不感兴趣的程度。[每行单选]

表 A4-18　调查样本 B1 题回答统计汇总

题序	B1 选项	非常感兴趣	感兴趣	无所谓	不感兴趣	完全不感兴趣	不清楚不了解
（1）	科学新发现	26.6	44.4	19.7	6.1	0.9	2.4
（2）	新发明和新技术	20.0	49.0	20.2	7.5	1.0	2.4
（3）	医学新进展	28.5	50.8	13.5	4.4	0.4	2.4
（4）	国际与外交政策	19.4	40.9	26.5	9.0	1.3	3.0
（5）	文化与教育	27.7	52.3	13.3	4.5	1.2	1.0
（6）	国家经济发展	27.7	52.3	13.3	4.5	1.2	1.0
（7）	农业发展	20.5	40.8	26.0	9.4	1.7	1.7
（8）	生产适用技术	16.9	38.7	28.4	10.6	2.4	3.1
（9）	体育与娱乐	29.6	41.8	18.2	7.0	1.5	2.0
（10）	公共安全	29.3	47.8	15.5	4.4	1.1	1.9
（11）	节约资源能源	26.9	45.0	18.2	6.0	1.3	2.6

B2. 在下列几个方面的科技发展信息中，您首先对哪个方面的信息最感兴趣？其次对哪个方面感兴趣？还有感兴趣的方面？[每列单选]

表 A4-19　调查样本 B2 题回答统计汇总

题序	B2 选项	首选（%）	其次（%）	第三（%）
1	医疗与健康	65.0	14.1	8.1
2	材料科学与纳米技术	1.5	4.4	4.4
3	计算机与网络	9.2	14.9	9.3
4	经济学与社会发展	9.1	22.7	16.7
5	环境科学与污染治理	3.6	16.6	16.4
6	军事与国防	7.0	13.3	14.3
7	天文学与空间探索	1.4	3.5	4.9
8	人文学科	2.3	3.2	8.5
9	遗传学与转基因技术	0.3	2.2	5.8
10	其他	0.5	0.4	0.8
11	没有感兴趣的了	3.8	0.6	6.8

B3. 下面列出了一些公民获取信息的渠道，想一想对于上述的科技发展信息，您最主要的通过下列哪一个渠道获得的？其次是哪个渠道？还有其他的渠道？[每列单选]

表 A4-20　调查样本 B3 题回答统计汇总

题序	B3 选项	首选（%）	其次（%）	第三（%）
（1）	报纸	22.7	23.6	21.0
（2）	图书	2.4	4.5	5.7
（3）	科学期刊	2.4	3.0	4.7
（4）	一般杂志	1.8	5.6	7.4
（5）	电视	47.3	29.6	9.2
（6）	广播	2.1	8.5	10.3
（7）	因特网	18.8	9.2	9.9
（8）	与人交流	2.6	14.1	23.6
（9）	其他（记录）	0.1	0.2	0.9
（10）	没有其他渠道	1.2	0.2	5.8

除上述的信息获取渠道之外，我们还可以通过参加各种科普活动来获取科技知识和科技信息。

B4. 请问过去的一年，您参加过以下形式的科普活动吗?如果没有参加过，在此之前，您听说过吗?

表 A4-21　调查样本 B4 题回答统计汇总

题序	B4 选项	参加过	没参加，但听说过	没听说过	不知道
1	科技周、科技节、科普日	43.2	41.4	11.9	3.5
2	科普宣传车	19.2	57.5	18.9	4.4
3	科技咨询	26.9	51.0	16.6	5.6
4	科技培训	27.9	50.5	15.5	6.1
5	科普讲座	42.1	40.1	12.9	4.9
6	科技展览	35.4	44.0	14.5	6.1

B5. 下面列出了几类公共场所的名称，我们想知道您是否有前去参观这些公共场所的兴趣。请您逐一说说对每一类场所感兴趣的程度是怎样的？是感兴趣、一般还是不感兴趣？[每行单选]

表 A4-22　调查样本 B5 题回答统计汇总

题序	B5 选项	感兴趣	一般	不感兴趣	不知道
1	动物园、水族馆、植物园	51.5	37.3	9.8	1.3

（续）

题序	B5 选项	感兴趣	一般	不感兴趣	不知道
2	科技馆等科技类场馆	31.1	47.7	17.4	3.8
3	自然博物馆	30.9	47.9	16.6	4.6
4	公共图书馆	31.5	44.8	20.5	3.3
5	美术馆或展览馆	26.6	41.9	25.6	5.9
6	科普画廊或宣传栏	30.1	41.8	22.3	5.8
7	图书阅览室	34.3	41.2	19.6	4.9
8	科技示范点或科普活动站	24.4	40.5	26.5	8.6
9	工农业生产园区	20.2	36.3	31.4	12.0
10	高校和科研院所实验室	17.4	31.6	32.0	18.8

B6. 在过去的一年，您去过这些公共场所吗？如果去过，请问主要是因为什么去的？如果没有去过，主要是哪个原因造成的？[每行单选]

表 A4-23　调查样本 B6 题回答统计汇总

B6 选项	去过的原因			没去过及原因					
	自己感兴趣	陪亲人去	偶然机会	本地没有	门票太贵	缺乏展品	不知道在哪里	不感兴趣	不知道
1 动物园、水族馆、植物园	29.1	30.6	13.5	15.1	2.2	0.3	3.1	4.7	1.4
2 科技馆等科技类场馆	12.3	19.6	19.2	21.5	3.0	0.7	9.8	10.0	3.9
3 自然博物馆	12.0	12.6	17.3	28.4	4.1	0.8	9.6	11.1	4.2
4 公共图书馆	27.5	15.8	20.3	7.3	1.4	0.7	8.9	15.3	2.9
5 美术馆或展览馆	12.2	13.5	17.4	18.0	3.7	1.3	11.3	17.5	5.2
6 科普画廊或宣传栏	21.4	11.0	25.3	8.9	2.0	1.5	9.0	16.2	4.6
7 图书阅览室	32.0	13.9	18.6	6.6	0.6	0.3	7.8	16.7	3.4
8 科技示范点或科普活动站	12.4	8.7	19.0	13.3	0.7	0.8	16.0	20.5	8.4
9 工农业生产园区	10.7	5.7	13.7	16.3	0.8	0.6	16.1	23.8	12.2
10 高校和科研院所实验室	5.7	5.1	9.2	19.2	0.7	0.5	15.1	24.7	19.7

B7. 您参与过下面的事情吗？请您说说对于各种事情的参与情况，是经常参与还是有时参与？是很少参与还是没有参与过？[每行单选]

表 A4-24　调查样本 B7 题回答统计汇总

题序	B7 选项	经常参与	偶尔参与	很少参与	没有参与过	不知道
1	阅读报纸、期刊或因特网上关于科学的文章	37.0	28.8	16.9	15.3	2.0
2	和亲戚、朋友、同事谈论有关科学技术的话题	19.0	35.1	28.3	16.0	1.6

（续）

题序	B7 选项	经常参与	偶尔参与	很少参与	没有参与过	不知道
3	参加与科学技术有关的公共问题的讨论和听证会	10.2	17.6	23.3	42.8	6.0
4	参与关于原子能、生物技术或环境等方面的建议和宣传活动	8.4	12.0	16.6	48.2	14.8

第三部分　公民对科学的理解

接下来，请您回答几个日常生活中与科学有关的问题（统计汇总）。

C1. 请根据您的了解，分别判断下面每个观点的对错。[每行单选]

表 A4-25　调查样本 C1 题回答统计汇总

题序	C1 选项	对（%）	错（%）	不知道（%）
C11	地心的温度非常高	81.0	6.3	12.7
C12	我们呼吸的氧气来源于植物	74.8	19.2	6.0
C13	母亲的基因决定孩子的性别	20.3	71.4	8.2
C14	抗生素能够杀死病毒	43.7	46.5	9.8
C15	数百年来，我们生活的大陆在缓慢漂移，并继续漂移	66.6	15.0	18.5
C16	接种疫苗可以治疗多种传染病	45.2	47.5	7.3
C17	最早期的人类与恐龙生活在同一个年代	29.9	51.7	18.4
C18	含有放射性物质的牛奶经过煮沸后对人体无害	21.2	61.3	17.5
C19	光速比声速快	75.8	9.4	14.8

注：带下划线的测试题为国际通用的题目。

C2. 请根据您的了解，分别判断下面每个观点的对错。[每行单选]

表 A4-26　调查样本 C2 题回答统计汇总

题序	C2 选项	对（%）	错（%）	不知道（%）
C21	地球的板块运动会造成地震	81.4	7.7	11.0
C22	乙肝病毒不会通过空气传播	68.5	24.1	7.4
C23	植物开什么颜色的花是由基因决定的	54.4	26.2	19.3
C24	声音只能在空气中传播	34.0	57.2	8.8
C25	就目前所知，人类是从较早期的动物进化而来	70.5	17.4	12.0
C26	所有的放射性现象都是人为造成的	21.0	63.5	15.5
C27	激光是由汇聚声波而产生的	28.6	35.8	35.6
C28	电子比原子小	42.3	25.4	32.4
C29	地球围绕太阳转一圈的时间是一天	28.9	58.7	12.4

注：带下划线的测试题为国际通用的题目。

在日常生活中，我们经常能读到或听到一些与科学有关的名词和术语。请根据您的理解，对下列几个科学名称的含义做出选择。

C3. 关于物质的"分子"，请问您认为下列哪个说法最正确？[单选]

表 A4-27　调查样本 C3 题回答统计汇总

		频率	百分比	有效百分比	累积百分比
有效	独立存在保持该物质一切化学特性的最小颗粒	444	29.9	59.9	29.9
	组成原子的基本微粒，由原子核和核外电子组成	354	23.8	3.8	53.7
	与物质的化学性质有关，是构成物资的基本微粒	262	17.6	7.6	71.3
	不知道	426	28.7	28.7	100.0
	合计	1486	100.0	100.0	

C4. 关于物质的"DNA"，请问您认为下列哪个说法最正确？[单选]

表 A4-28　调查样本 C4 题回答统计汇总

		频率	百分比	有效百分比	累积百分比
有效	生物学名词，与遗传有关	513	34.5	54.3	34.5
	人体内的一种蛋白质，存在于血液中，是白血球的简称	177	11.9	2.1	46.4
	生物的遗传物质，存在于一切细胞中，是脱氧核糖核酸	558	37.6	37.6	84.0
	不知道	238	16.0	6.0	100.0
	合计	1486	100.0	100.0	

C5. 关于物质的"Internet（因特网）"，请问您认为下列哪个说法最正确？[单选]

表 A4-29　调查样本 C5 题回答统计汇总

		频率	百分比	有效百分比	累积百分比
有效	全球通信网络和计算机网络的总和	434	29.2	22.7	29.2
	由使用公共协议相互通信的计算机连接的全球网络	673	45.3	61.8	74.5
	由多台计算机和线路连接而成的区域网络	127	8.5	8.5	83.0
	不知道	252	17.0	7.0	100.0
	合计	1486	100.0	100.0	

C6. 日常生活中，您听说过"辐射"这个词吗？[单选]

表 A4-30　调查样本 C6 题回答统计汇总

		频率	百分比	有效百分比	累积百分比
有效	经常听说	1075	72.3	72.3	72.3
	有时听说	334	22.5	22.5	94.8
	没有听说过	77	5.2	5.2	100.0
	合计	1486	100.0	100.0	

C6a. 您认为下面哪些人类的活动与"辐射"有关或哪个说法正确？[可多选]

表 A4-31　调查样本 C6a 题回答统计汇总

序	选　项	未选（%）	选（%）
1	X 光透视检查	23.9	76.1
2	B 超检查	31.1	68.9
3	用手机打电话	17.8	82.2
4	用座机接打电话	67.0	33.0
5	使用电暖气取暖	62.2	37.8
6	微波炉加热食物	27.3	72.7
7	辐射是能量转化的一种方式	72.7	27.3
8	辐射都是人为产生的	93.8	6.2
9	辐射都是有害的	76.5	23.5
10	不知道	99.5	0.5

C7. 当您听或读到"科学地研究事物"这个短语，您认为哪一项最接近您的理解？[单选]

表 A4-32　调查样本 C7 题回答统计汇总

选　项		选择（%）
引进新技术，推广新技术，使用新技术	1	19.7
遇到问题，咨询专家，得出解释	2	21.1
提出假设，进行观察，推理、实验，得出结论	3	48.8
不知道	4	10.4

C8. 科学家想知道一种治疗高血压的新药是否有疗效。在以下的测试方法中，您认为哪一种方法最好？[单选]

表 A4-33　调查样本 C8 题回答统计汇总

选　项		选择（%）
给 1000 人服用这种药，观察病人的状况	1	9.2
给 500 人服用这种药，另 500 人不服药，观察两组病人情况	2	32.9

（续）

选　项		选择（%）
给 500 人服用这种药，另 500 人服用无效无害外形相同安慰剂，观察两组病人情况	3	42.9
不知道	4	14.9

C9. 医生告诉一对夫妇由于他们具有相同的致病基因，如果他们生育一个孩子，这个孩子患遗传病的机会为 1/4。请问您认为医生的话意味着？[单选]

表 A4-34　调查样本 C9 题回答统计汇总

选　项		选择（%）
如果他们生育的前三个孩子都很健康，那么第四个孩子肯定得遗传病。	1	7.4
如果他们的第一个孩子有遗传病，那么后面的三个孩子将不会得遗传病。	2	6.7
他们的孩子都可能得遗传病。	3	71.1
如果他们只有三个孩子，那么这三个或者都不会得遗传病。	4	2.4
不知道	5	12.4

C10. 您知道有用下列方法预测人生或命运吗？对于下列每一种方法，请问您参与或尝试过吗？对预测的方法和结果相信吗？[每行单选]

表 A4-35　调查样本 C10 题回答统计汇总

选　项	参与过，很相信	参与过，有些相信	尝试过，不相信	没参与过，不相信	不知道
（1）求签	16.9	33.5	24.7	23.7	1.2
（2）相面	13.7	30.6	23.3	31.2	1.2
（3）星座预测	3.7	14.0	22.4	47.2	12.7
（4）周公解梦	5.5	16.1	24.6	46.8	6.9
（5）电脑算命	2.0	11.7	20.3	50.4	15.6

C11. 在过去的一年中,您用过下列方法治疗和处理健康方面的问题吗？[可选 1~3 项]

表 A4-36　调查样本 C11 题回答统计汇总

选　项		选择（%）
1.没有健康问题	1	11.4
2.自己找药吃	2	29.7
3.自己治疗处理	3	13.8
4.祈求神灵保佑	4	4.7
5.心理咨询与心理治疗	5	2.8
6.看医生（西医为主）	6	28.1
7.看医生（中医为主）	7	20.1
8.什么方法都没用过	8	0.3
9.其他（记录）	9	0.3

第四部分 公民对科学技术的态度

最后，我们想请您谈谈对科学技术及其发展的态度和看法（统计汇总）。

下面列出了一些关于对科学技术的看法，请您依次说说对每个看法的赞成或反对的程度。是完全赞成、基本赞成、既不赞成也不反对？还是基本反对或完全反对？

D1. 您赞成下面的观点吗？[每行单选]

表 A4-37　调查样本 D1 题回答统计汇总

选项	完全赞成	基本赞成	既不赞成也不反对	基本反对	完全反对	不清楚不了解
科学技术使我们的生活更健康、更便捷、更舒适	57.4	34.9	5.9	0.2	0.2	1.3
现代科学技术将给我们的后代提供更多的发展机会	39.4	48.9	9.6	0.5	0.4	1.2
即使没有科学技术，人们也可以生活得很好	8.7	19.7	23.5	27.7	18.2	2.2
科学和技术的进步，将有助于治疗艾滋病和癌症等疾病	43.6	38.0	13.4	1.0	0.5	3.4
我们过于依靠科学，而忽视了信仰	10.2	23.1	34.9	17.6	9.4	4.8

D2. 您赞成下面的观点吗？[每行单选]

表 A4-38　调查样本 D2 题回答统计汇总

选项	完全赞成	基本赞成	既不赞成也不反对	基本反对	完全反对	不清楚不了解
科学技术不解决我们面临的任何问题。	13.8	19.7	14.3	26.0	23.6	2.5
科学技术既给我们带来好处也带来坏处，但好处多于坏处	36.7	46.0	12.8	2.0	0.7	1.7
持续不断的技术应用，最终会毁掉我们赖以生存的地球	12.8	26.0	26.8	20.1	8.5	5.8
科学家要参与科学传播，让公众了解科学研究的新进展	42.9	39.1	12.3	1.5	0.7	3.4
由于科学技术的进步，地球的自然资源将会用之不竭	11.8	21.1	19.9	20.2	21.2	5.8

D3. 您赞成下面的观点吗？[每行单选]

表 A4-39　调查样本 D3 题回答统计汇总

选项	完全赞成	基本赞成	既不赞成也不反对	基本反对	完全反对	不清楚不了解
科学技术的发展会使一些职业消失，但同时也会提供更多的就业机会。	42.6	44.0	9.2	0.9	0.6	2.7

（续）

选项	完全赞成	基本赞成	既不赞成也不反对	基本反对	完全反对	不清楚不了解
公众对科技创新的理解和支持，是促进我国创新型国家建设的基础。	38.4	47.5	9.4	0.6	0.1	4.0
如果能够帮助人类解决健康，应该允许科学家用动物（如：狗、猴子）做实验。	25.6	29.3	25.5	10.9	4.9	3.7
尽管不能马上产生效益，但是基础科学研究是必要的，政府应该支持。	41.6	42.3	12.0	0.5	0.4	3.2
政府应该通过举办听证会，让公众更有效地参与科技决策的多种途径。	45.0	40.0	10.6	0.9	0.2	3.4

D4. 在下列各种职业中，您心目中哪个职业的声望最好？其次是哪个？还有吗？[每列单选]

表 A4-40　调查样本 D4 题回答统计汇总

题序	D4 选项	首选	其次	第三
1	法官	0	0	0
2	教师	20.9	13.8	11.0
3	企业家	11.6	11.1	8.5
4	政府官员	18	11.5	7.9
5	运动员	2.9	7.2	5.2
6	科学家	15.7	15.1	7.6
7	医生	8.1	18.1	13.4
8	记者	2.0	4.1	7.0
9	工程师	4.0	6.4	15.5
10	艺术家	1.5	2.0	4.0
11	律师	1.3	2.4	7.7
12	其他职业	1.7	0.2	2.5
13	没有其他声望好的职业	-	0.1	0.1

D5. 您最期望您的后代从事下面的哪个职业？其次是哪个？还有吗？[每列单选]

表 A4-41　调查样本 D5 题回答统计汇总

题序	D5 选项	首选	其次	第三	未选
1	法官	0	0	0	100.0
2	教师	21.5	10.5	16.2	51.8
3	企业家	15.1	7.8	13.9	63.1
4	政府官员	21.4	8.4	16.5	53.7

（续）

题序	D5 选项	首选	其次	第三	未选
5	运动员	2.5	5.0	5.7	86.8
6	科学家	9.8	8.6	10.8	70.7
7	医生	9.5	19.9	17.8	52.8
8	记者	1.5	7.5	3.8	87.1
9	工程师	3.2	12.4	3.4	81.0
10	艺术家	1.1	3.0	1.0	94.8
11	律师	1.4	5.8	2.2	90.6
12	其他职业	1.5	1.9	0.3	96.3
13	没有其他声望好的职业	-	0.4	0.1	99.5

D6. 如果有人向您推荐新技术、新产品或新品种，您在以下哪种条件下最有可能接受呢？其次呢？还有吗？[每列单选]

表 A4-42　调查样本 D6 题回答统计汇总

题序	D6 选项	首选	其次	第三	未选
1	政府提倡或国家权威部门认可	54.2	11.6	10.4	23.8
2	广告宣传和推荐	6.5	13.7	11.6	68.2
3	省钱或能赚钱	11.4	15.9	10.6	62.1
4	看别人用的结果，如果大多数人都说好，我也接受	13.5	26.4	20.4	39.7
5	亲自查资料或咨询专家，确认对环境和人体没有危害	8.2	18.6	18.2	55.0
6	先自己试一试，再做决定	5.6	9.4	19.0	66.0
7	无论谁推荐都不接受	0.5	-	-	99.5
8	不清楚	0.3	-	-	99.7
9	没有其他可以接受的条件	-	4.1	6.1	89.8

D7. 有关技术对环境的影响，您同意以下哪一种观点？[单选]

表 A4-43　调查样本 D7 题回答统计汇总

D7 选项		选择（%）
技术对环境有好的影响	1	9.2
技术对环境既有好的影响，也有坏的影响	2	80.2
技术对环境有坏的影响	3	5.0
技术对环境没有任何影响	4	2.1
不知道	5	3.6

D8. 想要过上美好生活，你认为我们应该怎样对待自然？[单选]

表 A4-44　调查样本 D8 题回答统计汇总

D8 选项		选择（%）
崇拜自然，顺从自然的选择和安排	1	13.8
尊重自然规律，开发利用自然	2	78.7
最大限度的向自然索取，征服自然	3	4.3
不知道	4	3.2

N3. 答卷结束时间（记录）＿＿＿＿时＿＿＿分

附件 5

舟山市公民对科技信息感兴趣程度的地区分类统计汇总

B1. 在日常生活中，您对时事感兴趣吗？请您依次说说对下面各类新闻话题的感兴趣或不感兴趣的程度。[每行单选]

表 A5-1　调查样本 B1 题定海区公民对科学技术信息的感兴趣程度统计汇总

题序	B1 选项	非常感兴趣	感兴趣	无所谓	不感兴趣	完全不感兴趣	不清楚不了解	响应得分
1	科学新发现	20.9	44.1	21.9	8	1.5	3.6	102.94
2	新发明和新技术	16.7	45.5	24.3	9.5	1.8	2.3	99.50
3	医学新进展	28.7	48.6	15.2	5	0.5	2	113.96
4	国际与外交政策	17	37.9	30.3	9.2	1.6	4.1	97.61
5	文化与教育	27.5	52.5	12.9	4.9	1.2	1.1	113.64
6	国家经济发展	25.4	52.3	14.6	5.5	0.9	1.2	111.92
7	农业发展	16.2	37.8	31.5	10.7	2.2	1.6	96.52
8	生产适用技术	9.8	36.3	34	13.1	3.5	3.3	87.11
9	体育与娱乐	27.2	40.3	19.4	8.8	2.2	2.2	105.91
10	公共安全	28.4	45.8	17.2	4.9	1.4	2.4	111.89
11	节约资源能源	25.7	43.6	21.4	5.7	1.5	2.2	108.91

表 A5-2　调查样本 B1 题普陀区公民对科学技术信息的感兴趣程度统计汇总

题序	B1 选项	非常感兴趣	感兴趣	无所谓	不感兴趣	完全不感兴趣	不清楚不了解	响应得分
1	科学新发现	21.9	49.8	21.9	3.9	.6	1.8	110.3
2	新发明和新技术	18.6	51.4	20.4	6.0	.6	3.0	105.9
3	医学新进展	22.5	57.4	13.5	2.4	.6	3.6	112.4
4	国际与外交政策	14.1	40.8	31.8	9.3	1.8	2.1	97.0
5	文化与教育	18.6	58.9	15.9	3.6	2.1	0.9	108.7
6	国家经济发展	23.1	57.1	11.7	4.2	1.2	2.7	111.1
7	农业发展	11.4	47.1	26.7	10.2	2.1	2.4	95.0
8	生产适用技术	17.7	34.2	31.8	11.1	1.8	3.3	96.0
9	体育与娱乐	27.0	45.6	20.1	3.9	1.5	1.8	111.8
10	公共安全	22.2	58.0	15.0	2.1	1.8	0.9	112.6
11	节约资源能源	18.6	51.7	18.6	6.0	2.1	3.0	104.0

表 A5-3　调查样本 B1 题岱山县公民对科学技术信息的感兴趣程度统计汇总

题序	B1 选项	非常 感兴趣	感兴 趣	无所 谓	不感 兴趣	完全不 感兴趣	不清楚 不了解	响应 得分
1	科学新发现	44.7	33.6	16.2	5.1	0	0.4	123.69
2	新发明和新技术	26.5	51.8	15	5.9	0	0.8	113.71
3	医学新进展	30	49.8	13.8	5.1	0	1.2	116.13
4	国际与外交政策	29.2	41.5	18.6	9.1	0	1.6	110.50
5	文化与教育	34.8	42.7	14.6	5.5	0.8	1.6	116.50
6	国家经济发展	42.3	37.5	12.6	5.1	1.2	1.2	120.72
7	农业发展	38.3	34	16.6	9.1	0.8	1.2	114.57
8	生产适用技术	28.9	44.7	15.4	7.5	0.8	2.8	110.48
9	体育与娱乐	36.8	35.2	15.8	9.1	0.4	2.8	113.35
10	公共安全	34.4	39.1	15.4	7.9	0.4	2.8	113.38
11	节约资源能源	32	37.5	16.2	9.1	0.8	4.3	108.97

表 A5-4　调查样本 B1 题嵊泗县公民对科学技术信息的感兴趣程度统计汇总

题序	B1 选项	非常 感兴趣	感兴 趣	无所 谓	不感 兴趣	完全不 感兴趣	不清楚 不了解	响应 得分
1	科学新发现	33.8	51.9	10	3.1	0	1.3	120.81
2	新发明和新技术	27.5	56.3	8.8	3.8	0	3.8	115.25
3	医学新进展	37.5	48.8	5.6	5	0	3.1	120.15
4	国际与外交政策	26.3	53.8	10.6	6.9	0.6	1.9	111.76
5	文化与教育	36.9	52.5	7.5	3.1	0	0	123.85
6	国家经济发展	36.9	55.6	5.6	0.6	0	1.3	125.69
7	农业发展	30.6	51.9	13.8	2.5	0	1.3	119.05
8	生产适用技术	29.4	49.4	15.6	2.5	0.6	2.5	116.18
9	体育与娱乐	34.4	50.6	13.1	1.9	0	0	122.68
10	公共安全	40	50	8.8	1.3	0	0	126.99
11	节约资源能源	41.3	49.4	6.3	2.5	0	0.6	126.46

表 A5-5　调查样本 B1 题舟山市城镇公民对科学技术信息的感兴趣程度统计汇总

题序	B1 选项	非常 感兴趣	感兴 趣	无所 谓	不感 兴趣	完全不 感兴趣	不清楚 不了解	响应 得分
1	科学新发现	27.5	43.2	20.5	5.5	0.4	2.8	111.26
2	新发明和新技术	19.7	49.8	20.6	6	1.2	2.7	105.77
3	医学新进展	31	53.7	10.2	2.7	0	2.4	118.84
4	国际与外交政策	20.2	40.3	27.7	8.4	0.7	2.5	103.01

（续）

题序	B1 选项	非常感兴趣	感兴趣	无所谓	不感兴趣	完全不感兴趣	不清楚不了解	响应得分
5	文化与教育	28.4	55.7	11.4	2.8	1.2	0.4	116.95
6	国家经济发展	26.5	57	12.1	2.7	0.3	1.5	116.53
7	农业发展	16.4	39.6	30.6	9.7	1.2	2.4	98.61
8	生产适用技术	12.7	38.5	33.1	10.3	1.8	3.6	93.85
9	体育与娱乐	28.7	42.4	19.3	6.6	1.5	1.5	110.44
10	公共安全	30	54.7	11.8	1.8	0.7	0.9	119.02
11	节约资源能源	28.4	47.7	17.2	4.5	0.4	1.8	114.22

表 A5-6　调查样本 B1 题舟山市非城镇公民对科学技术信息的感兴趣程度统计汇总

题序	B1 选项	非常感兴趣	感兴趣	无所谓	不感兴趣	完全不感兴趣	不清楚不了解	响应得分
1	科学新发现	25.8	45.4	19	6.5	1.2	2.1	109.12
2	新发明和新技术	20.2	48.3	19.8	8.7	0.9	2.1	104.41
3	医学新进展	26.4	48.3	16.3	5.9	0.7	2.3	111.10
4	国际与外交政策	18.8	41.3	25.5	9.4	1.7	3.3	99.71
5	文化与教育	27.2	49.4	14.8	5.9	1.2	1.5	111.74
6	国家经济发展	31.1	46.5	13.1	6.2	1.5	1.6	113.20
7	农业发展	23.7	41.7	22.2	9.2	2.1	1.1	104.18
8	生产适用技术	20.3	38.8	24.5	10.8	2.8	2.7	98.04
9	体育与娱乐	30.2	41.2	17.4	7.3	1.5	2.3	110.18
10	公共安全	28.6	42.2	18.5	6.5	1.5	2.7	109.69
11	节约资源能源	25.6	42.8	19.1	7.2	2.1	3.2	106.07

B4. 请问过去的一年，您参加过以下形式的科普活动吗?如果没有参加过，在此之前，您听说过吗?

表 A5-7　调查样本 B4 题定海区公民参加科普活动的情况统计汇总

题序	B4 选项	参加过	没参加,但听说过	没听说过	不知道	响应得分
1	科技周、科技节、科普日	35.1	49.3	11.6	3.9	150.1
2	科普宣传车	13.0	62.4	20.8	3.8	130.0
3	科技咨询	17.8	60.3	17.0	4.9	134.6
4	科技培训	17.4	60.8	16.1	5.7	134.1
5	科普讲座	34.5	48.6	13.1	3.8	148.5
6	科技展览	31.5	48.2	15.3	5.0	143.0

表 A5-8　调查样本 B4 题普陀区公民参加科普活动的情况统计汇总

题序	B4 选项	参加过	没参加，但听说过	没听说过	不知道	响应得分
1	科技周、科技节、科普日	33.9	43.8	16.5	5.7	141.9
2	科普宣传车	7.5	60.4	25.8	6.3	118.5
3	科技咨询	19.2	48.9	24.6	7.2	124.2
4	科技培训	20.4	50.5	21.9	7.2	127.5
5	科普讲座	39.0	37.2	18.6	5.1	143.2
6	科技展览	25.8	46.8	19.2	8.1	131.5

表 A5-9　调查样本 B4 题岱山县公民参加科普活动的情况统计汇总

题序	B4 选项	参加过	没参加，但听说过	没听说过	不知道	响应得分
1	科技周、科技节、科普日	60.7	25.8	12.7	.8	166.5
2	科普宣传车	37.9	48.2	12.6	1.2	154.5
3	科技咨询	39.1	41.1	13.4	6.3	146.7
4	科技培训	46.6	32.4	13.4	7.5	148.6
5	科普讲座	52.6	26.9	11.1	9.5	151.0
6	科技展览	40.3	37.2	12.6	9.9	142.7

表 A5-10　调查样本 B4 题嵊泗县公民参加科普活动的情况统计汇总

题序	B4 选项	参加过	没参加，但听说过	没听说过	不知道	响应得分
1	科技周、科技节、科普日	72.5	24.4	1.9	1.3	182.5
2	科普宣传车	42.5	43.8	5.6	8.1	153.5
3	科技咨询	65.0	28.1	2.5	4.4	173.4
4	科技培训	62.5	31.9	2.5	3.1	174.1
5	科普讲座	67.5	27.5	2.5	2.5	177.5
6	科技展览	65.6	29.4	3.8	1.3	177.1

表 A5-11　调查样本 B4 题舟山市城乡公民参加科普活动的情况统计汇总

题序	B4 选项	参加过		没参加，但听说过		没听说过		不知道	
		城	乡	城	乡	城	乡	城	乡
1	科技周、科技节、科普日	49.6	38.0	39.6	42.9	7.0	15.8	3.7	3.3
2	科普宣传车	20.6	18.0	60.5	55.0	13.8	23.2	5.1	3.8
3	科技咨询	26.9	26.8	55.3	47.5	12.7	19.7	5.1	6.0
4	科技培训	30.0	26.2	52.6	48.8	11.1	19.1	6.3	5.9
5	科普讲座	50.2	35.5	39.5	40.6	6.7	17.9	3.6	6.0
6	科技展览	43.5	28.8	43.8	44.2	7.9	19.8	4.8	7.2